图书在版编目(CIP)数据

湖北林业生态服务价值/张维,潘磊,刘学全主编. —武汉:中国地质大学出版社,2024.3
ISBN 978-7-5625-5788-3

Ⅰ.①湖…　Ⅱ.①张…②潘…③刘…　Ⅲ.①林业-生态系统-服务功能-研究-湖北　Ⅳ.①S731.2

中国国家版本馆 CIP 数据核字(2024)第 045320 号

湖北林业生态服务价值	张维　潘磊　刘学全　主编
责任编辑:周豪	选题策划:毕克成　张旭　段勇　　责任校对:张咏梅
出版发行:中国地质大学出版社(武汉市洪山区鲁磨路388号)	邮编:430074
电　　话:(027)67883511　　　　传　　真:(027)67883580	E-mail:cbb@cug.edu.cn
经　　销:全国新华书店	http://cugp.cug.edu.cn
开本:787 毫米×1 092 毫米　1/16	字数:308 千字　　印张:12
版次:2024 年 3 月第 1 版	印次:2024 年 3 月第 1 次印刷
印刷:湖北睿智印务有限公司	
ISBN 978-7-5625-5788-3	定价:98.00 元

如有印装质量问题请与印刷厂联系调换

湖北林业生态服务价值

HUBEI LINYE SHENGTAI FUWU JIAZHI

张 维 潘 磊 刘学全 主编

《湖北林业生态服务价值》编委会

主　任：王昌友

主　编：张　维　潘　磊　刘学全

副主编：崔鸿侠　王晓荣　王鹏程　黄光体　袁传武
　　　　付　甜　周文昌　胡文杰　郭秋菊

委　员：（以姓氏笔画顺序）
　　　　王晓荣　王鹏程　艾训儒　付　甜　刘学全
　　　　杨佳伟　张　维　陈　强　陈　臻　周文昌
　　　　庞宏东　胡文杰　胡兴宜　姚　兰　袁传武
　　　　郭秋菊　黄光体　崔鸿侠　辜忠春　滕明君
　　　　潘　磊　戴　薛

主　审：宋丛文

前 言

陆地森林生态系统是重要的水库、钱库、粮库和碳库,蕴含着巨大的生态服务价值,为人类社会提供了丰富的生态产品、物质产品和文化产品。科学客观评估森林生态系统服务价值,为生态文明建设提供决策依据,成为社会的共识。

2008年,国家林业局(现国家林业和草原局)出台了《森林生态系统服务功能评估规范》(LY/T 1721—2008),对森林生态系统服务功能评估的数据来源、评估指标体系和评估计量方式进行了统一,规范了我国森林生态系统服务价值评估工作。2010年5月20日,国家林业局发布了首份《中国森林生态服务功能评估报告》,开我国森林生态系统服务价值评估的先河。其后,湖南、安徽、贵州、山西、辽宁和上海等省市相继开展了各自森林生态系统服务价值研究与评估。2010年,湖北省林业厅(现湖北省林业局)组织对全省林业生态服务价值进行了一次全面核算,结果表明:2009年湖北林业生态服务总价值4 718.68亿元。其中,森林生态系统服务价值量3 476.51亿元,单位面积价值量5.65万元/hm²。这次评估对于展示湖北林业生态建设成绩、提升公众对林业的认识发挥了积极作用,在社会各界收到了良好反响。

时光荏苒,上期评估已经过去了10多年。在这10多年中,湖北省委、省政府为忠实践行习近平生态文明思想和"绿水青山就是金山银山"的发展理念,加快实施"生态立省"战略与"两山"转化试点工作,相继推动实施了"绿满荆楚""精准灭荒"以及长江两岸绿化等林业生态工程。经过工程建设,湖北森林面积增至1.16亿亩(1亩≈666.67m²),森林覆盖率提高到41.84%,森林蓄积量达4.15亿m³,森林数量、质量和价值都实现了显著增长,森林生态产品供给能力有了大幅提升,极大改善了城乡生态环境和人居环境,促进了全省国民经济和社会发展。

为了科学评估当前湖北省林业生态服务功能,精准核算湖北林业生态服务物质量和价值量,客观展示10年来湖北林业生态建设取得的巨大成就,充分体现湖北作为和担当,凸现湖北贡献和林业作用地位,湖北省林业局于2020年组织启动了"湖北省林业生态效益价值评估"项目。湖北省林业科学研究院作为项目牵头单位,联合华中农业大学、湖北省林业调查规划院和湖北民族大学等高校和院所,组成科研团队,开展联合攻关。项目团队在各方鼎力支持下,历时两年,完成了全省森林生态系统服务价值评估和各项专题研究,取得了重大成果。本书中森林生态系统服务功能评估指标体系主要依据2020年发布的国家标准《森林生态系统服务功能评估规范》(GB/T 38582—2020),并结合湖北省森林资源特点对相关指标进行了适当增减和调整,选择涵养水源、保育土壤、林木养分固持、固碳释氧、净化大气环境、林产品供给、森林康养、生物多样性保护等8个方面的13项指标进行测算。评估主要基于全省森林生态系统国家定位观测研究站或观测点连续监测数据、湖北省最新一期森林资源二类调查的小班数据(2019年)以及国家权威部门发布的公共数据,采用分布式测算方法核算出全省森林生态系统服务功能物质量和价值量。

本期评估结果显示,2019年湖北省森林生态系统服务总价值为7 890.25亿元,森林生态系统单位面积提供的服务价值为8.82万元/hm^2。按照湖北省2019年常住人口5 775.26万人计算,湖北省居民人均享受森林生态系统服务价值为13 662.16元。2019年湖北省森林生态系统服务总价值相当于湖北省当年GDP(45 828.31亿元)的17.22%。由评估报告可以看到,湖北省森林生态系统服务功能物质量和价值量存在以下特点:①10年来,湖北林业生态效益价值显著增长,"绿水青山"颜值和价值大幅提升。与上期(2009年)相比,全省森林2019年调节水量、保育土壤和保持土壤肥力物质量分别增加了173.74亿m^3、18 622.62万t和586.49万t,固碳、释氧物质量分别增加137.19万t和510.08万t。②湖北省森林生态系统涵养水源效益尤为突出,碳汇功能显著。湖北省的森林年调节水量高达337.32亿m^3,相当于259个东湖的蓄水量之和;森林涵养水源价值量达3 309.11亿元/a,占全省森林生态系统服务总价值的41.94%;森林固碳量1 322.72万t,价值量为124.10亿元,年吸收二氧化碳可达4 850.46万t,约能中和当年化石能源二氧化碳排放量(2.18亿t)的22.25%。③湖北省森林生态系统服务价值东西部差异显著,表明湖北省"绿水青山"空间分布不均衡,未来仍有很大的提升空间和潜力。④鄂东南地区单位面积价值量最高可达 11.35 万元/hm²，体现了湖北省作为生态大省的价值，鄂西地区森林资源和生物多样性保护具有全球性意义。

需要说明的是，本研究除了进行湖北森林生态系统服务价值评估外，还首次开展了作为全省林业资源重要组成部分的湿地生态系统服务价值评估，以凸现作为"千湖之省"的湿地生态系统服务功能的重要性。为探索森林生态产品价值利用的路径与策略，本研究还以典型小流域为例，对森林生态系统承载力和潜在承载力进行分析评价，进一步厘清了产业发展过程与关键生态承载限制因素或生态阈值指标之间的复杂反馈机制，最终提出生态系统承载力与森林康养旅游产业协同发展策略。森林生态系统承载力的研究为"取之有度，用之有节"地开发利用森林资源价值提供了依据。此外，为了充分展示湖北省林业生态体系建设成果，本研究基于统一标准的评估方法和计算公式，依托大数据可视化技术手段，研发了"湖北省林业生态效益价值评估可视化平台"。该平台可多层次、多角度动态展示全省各地市（州）的森林、湿地、重点生态工程及典型生态区的林业资源及生态系统服务价值，并开发了数据对比分析、趋势预测和快捷查询等功能，可满足湖北省现代林业资源网络数字化管理需求。

本书是在《湖北省森林生态系统服务价值评估报告》及专题研究成果基础上编著而成。全书包括"总论""林业生态服务价值评估""林业生态服务价值实践与应用"和"对策与建设"4篇，共11章。本书既有森林（湿地）生态系统服务价值评估，又有评估成果应用的延伸研究，力求内容体系的完整性，并有一定的研究深度。

因作者水平所限，本书中难免会存在一些疏漏，敬请读者批评指正。

作者
2023 年 9 月

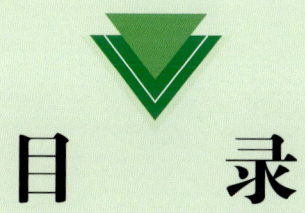

目　录

第一篇　总　论

第一章　林业生态服务价值评估综述 …………………………………………………（3）
　第一节　评估背景、意义和必要性 ……………………………………………………（3）
　第二节　生态系统服务功能评估研究现状 ……………………………………………（6）
第二章　湖北省林业资源概况 …………………………………………………………（11）
　第一节　地理位置与行政区划 …………………………………………………………（11）
　第二节　自然概况 ………………………………………………………………………（11）
　第三节　社会经济概况 …………………………………………………………………（13）
　第四节　森林资源概况 …………………………………………………………………（14）
　第五节　湿地资源概况 …………………………………………………………………（17）
第三章　湖北省林业生态服务价值评估体系 …………………………………………（20）
　第一节　森林生态系统服务评估指标与方法 …………………………………………（20）
　第二节　湿地生态系统服务评估指标与方法 …………………………………………（31）

第二篇　林业生态服务价值评估

第四章　湖北省森林生态系统服务价值评估 …………………………………………（37）
　第一节　森林生态系统服务功能物质量 ………………………………………………（37）
　第二节　森林生态系统服务功能价值量 ………………………………………………（39）

第三节	森林生态系统服务功能分布特征	(40)
第四节	湖北省不同主体功能区森林生态系统服务特征	(43)
第五节	森林生态系统单项服务功能空间分布特征	(48)
第六节	优势树种(组)森林生态系统服务功能特征	(55)

第五章　湖北省湿地生态系统服务价值评估 (58)
　第一节　湖北省湿地生态系统服务功能物质量 (58)
　第二节　湖北省湿地生态系统服务功能价值量 (60)
　第三节　长江经济带湿地服务价值对比 (64)

第六章　湖北省林业生态工程服务价值评估 (66)
　第一节　"绿满荆楚""精准灭荒"工程生态系统服务价值 (66)
　第二节　退耕还林工程生态系统服务价值 (72)
　第三节　天然林保护工程生态系统服务价值 (79)

第三篇　林业生态服务价值实践与应用

第七章　林业生态服务价值评估可视化平台 (85)
　第一节　可视化平台现状与内容 (85)
　第二节　可视化平台总体设计 (89)
　第三节　可视化平台功能与建设成效 (101)

第八章　典型小流域森林生态系统服务价值与承载力 (107)
　第一节　典型小流域概况 (107)
　第二节　典型小流域森林生态系统服务价值与承载力评估模型建立 (111)
　第三节　典型小流域森林生态系统服务价值评估结果 (120)
　第四节　典型小流域森林生态系统承载力评估结果 (132)

第五节　典型小流域森林生态系统服务价值与承载力综合分析……………………（139）
　　第六节　森林生态系统服务价值利用与承载力协同发展策略……………………（142）
第九章　湖北省林业碳汇特征及碳中和潜力………………………………………………（145）
　　第一节　湖北省森林碳汇特征与碳中和潜力………………………………………（145）
　　第二节　湖北省湿地碳汇功能及其巩固和提升对策………………………………（151）

第四篇　对策与建议

第十章　湖北省林业生态产品价值实现路径与机制………………………………………（159）
　　第一节　湖北省森林生态系统服务功能价值量及构成……………………………（159）
　　第二节　湖北省森林生态系统服务价值主要特点…………………………………（160）
　　第三节　湖北省"两山"转化路径与机制……………………………………………（161）
第十一章　湖北省林业生态服务体系建设…………………………………………………（166）
　　第一节　林业生态监测网络构建……………………………………………………（166）
　　第二节　林业生态补偿机制建立……………………………………………………（167）
主要参考文献……………………………………………………………………………………（170）
附　　录…………………………………………………………………………………………（178）

第一篇

总 论

第一章

林业生态服务价值评估综述

第一节 评估背景、意义和必要性

一、评估背景

森林是陆地上最大的可再生资源库、生物基因库和生物质能源库,也是陆地上最大的"储碳库"和最经济的"吸碳器",为人类社会的生存和发展提供了丰富的生态产品、物质产品和文化产品。森林在维持生态安全、改善生态环境、建设生态文明以及促进经济社会可持续发展中起着不可替代的决定性作用。生态系统服务是指生态系统与生态过程所形成及所维持的人类赖以生存的自然环境条件与效用,它既包括食物、淡水和原材料等各种有形产品的供应,还包括一些形成和维持生态系统本身、人类生存发展的各种生态系统过程。森林生态系统在固碳释氧、涵养水源、保持水土、森林游憩、林产品供给、生物多样性保护等诸多方面发挥着关键生态系统服务功能。因此,森林资源的保护与建设成为生态建设的主要内容,受到人类广泛关注。森林生态系统服务的数量和质量直接影响人类的生存与发展,因此清楚地了解森林生态系统服务功能的状态、数量和质量的变化,是对在不同区域与时间尺度上的生态系统可持续管理的关键和前提。

森林资源及生态状况的动态监测是现代林业发展的必然趋势,顺应城乡人民对美好生活与优质生态日益增长的需求,为森林面积增长与质量提升目标责任制考核、森林生态建设绩效考核、领导干部自然资源资产离任审计、自然资源资产负债表编制等提供必要的、客观的、准确的数据基础,为制订区域国民经济社会发展规划和林业发展规划、指导森林的科学可持续经营、推动绿色发展和生态文明建设提供理论决策依据。

生态系统服务的评估已经成为绿色经济核算的重要内容,特别是以森林生态系统为核心的陆地生态系统所提供的生态系统服务受到全球不同层次政府和公众的广泛关注。越来越多的领导人和决策者日益意识到生态系统作为一个重要的自然资本库所产生的自然价值对全球生命系统的维持具有无可替代的作用(Daily & Matson,2008)。客观、真实地对森林生态系统服务进行评估具有重要意义,这不仅体现在生态系统服务评估结果上,一方面能够充分反映生态系统的状态,另一方面能够反映生态系统建设和保护的成效,更为生态投入和生态决策提供了重要的参照标尺,甚至一些国家和地区据此提出了"绿色GDP(GEP)"的概念,以衡量经济发展与生态消耗之间的均衡性和效益,促进国家和区域可持续发展决策。例如,生态系统服务在不同区域间往往表现出巨大差异性和变异性,了解生态系统服务的数量和质量及其传递方式,可为区域间和区域内生态补偿机制的建立提供重要科学依据。同时,有效度量森林生态系统服务功能及其价值,有助于公众直观了解生态投资的潜在效益和重大成效,提升公众参与能力和政府科学决策水平,更能够加深公众对森林保护和林业生态建设的认知,提高公众生态保护意识和绿色发展意识。因此,科学和客观地衡量森林关键生态系统服务已成为可持续发展的核心需求。

党的十八大提出将生态文明建设作为统筹推进"五位一体"总体布局和协调推进"四个全面"战略布局的重要内容,拉开了新时代生态文明建设的序幕。经过又一个十年的接续奋斗,生态文明建设发生了突出而又明显的变化。党的二十大报告指出:"我们坚持绿水青山就是金山银山理念,坚持山水林田湖草沙一体化保护和系统治理,全方位、全地域、全过程加强生态环境保护,生态文明制度体系更加健全,污染防治攻坚向纵深推进,绿色、循环、低碳发展迈出坚实步伐,生态环境保护发生历史性、转折性、全局性变化,我们的祖国天更蓝、山更绿、水更清。"

湖北省委、省政府及湖北省林业局积极深入推进生态文明建设,在持续推动天然林保护、退耕还林等重点生态建设工程提质增效的同时,先后实施"绿满荆楚""精准灭荒"等林业生态工程。2021年,湖北省林业局重点推动了"两山"转化试点县建设工作,使林业生态建设呈现良好发展态势,取得显著成效,全省林业生态建设布局得到进一步优化。但是我们应该清晰地认识到,全省林业发展不充分、不均衡的问题依然存在,当前一系列国家和省级发展战略对林业生态建设也提出新的更高的要求,全面摸清全省森林生态系统服务本底,科学展示林业生态价值在国民经济发展中的地位和作用,深入分析森林生态系统服务功能现状与格局,及时回答各级政府和人民群众对林业生态建设的关切,显得尤为迫切并且非常必要。开展湖北省森林生态系统服务功能评估,算清存量、了解增量、估算潜量,通过数据客观反映湖北省森林生态系统服务功能时空变化和对社会经济发展的贡献,可为湖北省林业生态建设提供决策参考,为湖北省的生态产品价值实现及"两山"转化试点提供理论参考。

二、评估意义和必要性

1. 意义

湖北地处长江中游,地理位置优越,东西跨度740km,南北跨度470km。湖北是三峡工程坝区和南水北调中线工程核心水源区所在地,是长江流域重要的水源涵养地和国家重要的生态屏障,生态安全地位举足轻重。近年来,湖北省"生态长江"工作建设积极推进,水、大气、土壤污染防治等工作取得了阶段性成果,长江经济带生态环境状况总体稳定,但是面临长江流域环境资源承载压力过大、污染物排放总量居高不下、水环境污染日趋严重等问题,这些问题不容忽视,尤其是在水资源保护方面,水生态修复任务十分艰巨;此外,在防灾减灾方面,应对疫情能力短板明显。因此,加强长江生态保护刻不容缓。湖北省作为国家"两纵两横"开发线中的一条主轴,长江经济带是国家未来十年战略部署的集中体现。湖北省森林生态系统的健康将直接影响长江城市群生态系统健康和可持续发展水平,并深刻影响长江经济带中游地区甚至更大范围上的生态安全。在此背景下,科学评估湖北省森林生态系统服务,客观衡量湖北省森林生态系统服务的数量与质量,对湖北省社会经济发展各个层面均具有重要意义。

2. 必要性

(1)开展森林生态系统服务功能评估是实现湖北省在长江经济带生态优先、绿色发展模式探索的关键需求。

习近平总书记在 2016 年重庆召开的"推动长江经济带发展座谈会"上的讲话强调:"当前和今后相当长一个时期内,要把修复长江生态环境摆在压倒性位置,共抓大保护,不搞大开发。要把实施重大生态修复工程作为推动长江经济带发展项目的优先选项,实施好长江防护林体系建设、水土流失及岩溶地区石漠化治理、退耕还林还草、水土保持、河湖和湿地生态保护修复等工程,增强水源涵养、水土保持等生态功能。"因此,长江经济带的生态建设要以提升生态功能为重要目标和优先选项,"推动长江经济带发展从长远利益考虑,走生态优先、绿色发展之路,使绿水青山产生巨大生态效益、经济效益、社会效益"。习近平总书记在 2018 年武汉召开的"深入推动长江经济带发展座谈会"上的讲话指出:"推动长江经济带探索生态优先、绿色发展的新路子,关键是要处理好绿水青山和金山银山的关系",并要求"积极探索推广绿水青山转化为金山银山的路径,选择具备条件的地区开展生态产品价值实现机制试点,探索政府主导、企业和社会各界参与、市场化运作、可持续的生态产品价值实现路径"。这为流域内多层次生态修复和生态保护指明了重要方向,也提出了关键要求。在这一客观发展需求下,科学评估森林生态系统服务,客观认识"绿水青山"的价值,既是水源涵养、水土保持等关键生态系统服务功能提升的重要前提,也是开展生态产品价值实现机制试点的先决条件。

(2)开展森林生态系统服务功能评估是实现湖北省社会经济高质量发展目标的重要需求。

高质量发展是中国式现代化的必然要求,党的二十大报告对高质量发展作了深刻阐述,绿色、低碳、高效、和谐是高质量发展的重要内容。森林与生态安全、气候安全、能源安全、粮食安全等直接相关,是实现人与自然和谐的关键与纽带,不仅能产生直接的经济效益,还可以发挥巨大的生态效益和社会效益。在"五位一体"总体发展目标和社会主义的要求下,区域社会经济发展目标由单纯的社会经济层面转向可持续发展的综合层面,生态建设的地位

和要求不断提升。森林是生态文明建设的主战场,开展森林生态系统服务评估,有利于进一步深化林业发展。科学评估湖北省森林生态系统服务的数量、质量和价值,改变传统上对生态建设唯数量为目标的认识,有助于更加全面认识湖北省森林资源的基础状况,客观认识由生态建设带来的直接和间接成效,全面认识"五位一体"的发展状况。

(3) 开展森林生态系统服务功能评估可为湖北省森林生态系统可持续管理提供科学理论依据。

森林生态系统既是"绿水青山"的重要载体,也是"山水林田湖草"综合治理的核心。提升森林生态系统质量,实现森林可持续利用,是当前和今后很长一段时期需要面对与解决的重要课题。2016年,习近平总书记在中央财经领导小组第十二次会议上指出"要着力提高森林质量,坚持保护优先、自然修复为主,坚持数量和质量并重、质量优先"。在这一背景下,森林生态系统建设必然由重视森林面积和规模的扩张,向重视规模和质量以及质量优先的方向发展。森林生态系统服务功能是森林质量的重要指标,可充分反映森林生态系统在维持和调控各类生态系统过程中的作用及其稳定性。

长江经济带发展战略是中央高瞻远瞩、审时度势作出的重大决策。湖北地处"长江之腰",是长江干线流经最长的省份。湖北省的森林保护与建设意义重大,对于维护长江流域生态安全具有特别价值。了解湖北省森林生态系统服务的数量、组成、分布等信息,有助于为区域森林生态系统格局优化和质量提升提供决策依据,为森林生态系统可持续管理提供理论支撑。

(4) 开展森林生态系统服务功能评估有利于科学、客观地评价湖北省森林生态系统服务,是开展生态资产评估的重要基础,也是明确林业生态建设在社会经济全面发展中地位的需要。

科学认知森林资产价值是当前生态转移支付和执政能力考核的重要指标。科学和客观地评估湖北省森林生态系统服务的空间差异可以更加直观和客观地反映森林资产价值,为涉林财政资金转移支付和行政考核提供重要参考。

生态系统服务是人类从自然中获取的所有惠益,通过森林生态系统服务及其价值货币化计量,明晰社会经济与资源环境的价值比例,可增强社会和林业的可持续发展能力。林业生态服务价值是潜在并且巨大的,评估的意义就在于明确林业资源和环境的机会成本,在涉林经济活动中,正确地引导经济决策权衡利弊得失,作出理性的选择,促使社会经济发展向新发展格局加速转型。

第二节 生态系统服务功能评估研究现状

生态系统服务功能是指生态系统与生态过程所形成及所维持的人类赖以生存的自然环境条件与效用,是人类从生态系统获得惠益以及赖以生存和发展的基础。随着人类社会的快速发展,人类活动已严重破坏自然生态环境,人口数量激增、自然资源枯竭、温室效应、物种濒危等一系列环境问题已严重限制人类社会可持续发展。据研究,全球范围内60%以上的生态系统服务功能出现退化,极大地损害和威胁着人类自身的福祉,其主要原因之一就是对生态系统服务功能缺乏有效的管理(Daily et al.,2009)。

近年来,生态系统服务功能研究已经成为生态学研究的前沿和热点(白永飞等,2014)。国内外在生态系统服务功能的内涵和类型划分、服务价值评估以及关键驱动因子与相互作用机制等方面进行了大量的研究,取得了丰富的成果(Fisher et al.,2008;王兵等,2011)。生态系统服务功能定量测度,多种生态系统服务功能权衡,生态系统服务功能多尺度转换,生态系统结构、过程与服务功能耦合,生态系统服务功能与政策设计结合等,都是生态系统服务功能研究面临的艰难挑战(郑华等,2013),特别是生态系统服务功能评估已成为社会经济可持续发展的关键。

一、生态系统服务功能分类

开展生态系统服务功能评估研究,首先要了解其功能组成部分,即生态系统服务功能的分类是基础和核心。由于生态系统边界难以划分,功能在某种程度上具有不可分割的特点(赵海兰,2015),这在一定程度上影响了评估结果的精准度。现有的分类途径主要集中在功能分类和价值分类方面。

以功能分类为主的代表有 Costanza 等(1997)、Wallance(2007)、联合国千年生态系统评估(Millennium Ecosystem Assessment,MA)(2005)等。Costanza 等(1997)首次开展全球生态系统服务功能评估,将生态系统服务功能分为大气调节、气候调节、干扰调节、水分调节、水分供给、养分循环等17个类型。联合国千年生态系统评估项目在总结前人观点的基础上进一步明确了各种服务类型间的关系,将生态系统服务功能分为四大类:支持服务(养分循环、土壤形成、初级生产等)、供给服务(食物、淡水、木材和纤维、燃料等)、调节服务(调节气候、调节淡水、控制疾病)、文化服务(美学、精神、教育、消遣等)。这已经得到学术界的广泛认可。

以价值分类为主的代表有 Daily(1997)、Fisher 等(2008)、Pearce(2002)和欧阳志云等(1999)。欧阳志云等(1999)将生态系统服务价值总结为4类,即直接利用价值、间接利用价值、选择价值、存在价值。王伟等(2005)将 Costanza 等(1997)的价值分类归为3个层次,包括自然资产价值和人文价值,其中自然资产价值又分为物质价值、过程价值和适栖地价值。国外的主要研究结论是生态系统服务价值包括使用价值与非使用价值,而使用价值包括直接使用价值、间接使用价值和存在价值,非使用价值包括遗产价值和存在价值(Farnsworth et al.,1981;Adger et al.,1995)。两种分类途径存在分歧的地方是价值分类所包含的不同生态系统服务功能划分不一致(赵海兰,2015)。

由上述可知,以功能分类为主和以价值分类为主的区别其实只是强调的重点不同,前者更多地注重生态系统功能本身,后者更多地注重市场对生态系统服务评估的作用。同时,二者在强调生态系统功能与生态系统服务上也有区别,前者将服务与功能区别对待,认为生态系统具有多种功能,只有那些直接或间接为人类福祉作出贡献的功能才是生态系统服务,而后者将生态系统服务和功能等同(吴强等,2016)。

二、国内外研究进展

1. 国外研究进展

国外早在20世纪50年代便开始了对生态系统服务功能的研究,主要是对其直接经济价值、森林游憩价值等进行了计算(赵金龙等,2013)。20世纪70年代,Holdren等(1974)介绍了自然生态系统为人类提供的服务,探讨了人类对生态系统服务功能的影响。20世纪90年代是生态系统服务功能研究的快速发展阶段,美国生态学会Daily等(1997)发表的《生态系统服务:人类社会对自然生态系统的依赖性》对生态系统服务功能进行了全面的论述。Costanza等(1997)提出了森林等生态系统的价值评估方案,对全球生态系统服务功能进行价值评估,以17项服务功能指标估算出全球生态系统服务功能的年总价值为16万亿~54万亿美元,这对后续开展生态系统服务功能的研究产生了深远影响。2001年联合国启动"千年生态系统评估",来自全球95个国家的1 360位知名专家和学者对生态系统及其对人类福祉的影响开展评估,重点研究了生态系统与人类福祉的关系,成为近年来生态系统服务功能评估中最具影响力的事件。另外,随着"3S"技术的不断发展,以遥感数据、社会经济数据、地理信息系统技术等为数据和技术支撑的生态系统服务功能评估模型(黄从红等,2013),开辟了生态系统服务功能动态评估的新纪元(赵金龙等,2013),实现了生态系统服务功能评估的动态化和精准化。如Kreuter等(2001)基于Costanza等(1997)的评估方法,利用RS技术及影像对美国得克萨斯州贝克萨尔县的3个主要流域生态系统服务功能进行了评估。Nelson等(2009)利用InVEST模型分析和预测了美国俄勒冈州威拉米特河流域生态系统服务功能的动态变化。其中,应用较多的模型包括InVEST、ARIEST、SolVES,但不同模型的适用范围或可推广性有所不同,而且应用模型评估缺乏对不确定性的分析,因此其仍处于持续改进过程中。

2. 国内研究进展

我国生态系统服务功能评估研究开始于20世纪80年代,多以Costanza等(1997)对生态系统服务功能价值的研究为基础,参照国外研究方法,开始多层次、多方位地对生态系统服务功能进行估算,而且发展十分迅速。如蒋延玲等(1999)、欧阳志云等(1999)、陈仲新等(2000)、赵同谦等(2004)先后按照Costanza等(1997)的分类方法和经济参数对中国生态系统服务功能与效益进行价值估算,但由于存在数据基础不扎实、数据量较少等问题(宋庆丰等,2015),其评估结果存在过高或过低的问题,所采用的经济参数显然不能够准确反映我国国情,而且由于该方面研究尚处于探索阶段,评估指标体系和计算方法各异,评估结果之间无法比较(牛香等,2013)。2008年以后,全国森林生态系统服务功能评估工作取得重大突破,以王兵研究团队制定的国家标准《森林生态系统服务功能评估规范》(GB/T 38582—2020)的发布为标志。该标准构建了包括保育土壤、林木养分固持、涵养水源、固碳释氧、净化大气环境、森林防护、生物多样性保护、林木产品供给和森林康养9项功能18个指标的评估指标体系,规范了森林生态站的观测条件、观测指标和观测方法,以及数据传输和数据应用等方面的内容,对我国的森林生态系统服务功能评估产生了十分重要的影响。王兵研究团队评估了1994—1998年和1999—2003年中国杉木林生态系统服务功能,利用第七次、第八次国家森林资源清查数据和森林生态站长期监测生态参数评估出2004—2008年和2009—2013年中国森林生态系统服务总价值分别为10.01万亿元和12.68万亿元(宋庆丰等,2015),而且从辽宁、吉林和黑龙江等区域尺度上进行了评估研究。之后,随着研究工作的发展,王兵研究团队不断地对评估体系指标进行调整,如引入濒危指数和特种指数来丰富生物多样性保护值,并引入生态区位熵、恩格尔系数及支付意愿指数来界定主导森林生态系统服务功能(Niu et al.,2012),使得评估结果更加客观、真实。

目前,国内外研究者评估生态系统服务功能时更多考虑服务功能价值,多以参数法或参数借用法,即根据评估区域各种类型面积乘单位面积生态系统服务的物质量或价值量参数,来计算区域生态系统服务物质量和价值量(Plummer,2009),而对生态系统结构、过程与生态系统服务功能之间的关系缺乏深入研究,特别是对生态系统服务功能的关键驱动因子、不同服务功能之间的权衡关系以及气候变化等的考虑较少,致使评估结果存在较大的不确定性,对人们认识生态系统服务功能仅具有有限的参考价值。

三、问题与展望

目前,生态系统服务功能评估理论体系已经较为完善,评估方法也较为成熟,但关于生态系统服务的特征与机理尚不清楚,且生态系统服务与自然资本价值评估之间的关系也不清楚,产生的评估结果不确定性较大。因此,未来生态系统服务功能评估研究应主要聚焦在以下4个重要方向。

1. 生态系统结构、过程与服务功能的耦合关系及形成机制

生态系统服务结构、过程和机制是功能评估的基础,生态系统服务依赖于生态系统的结构和过程,土地利用变化、气候变化和管理措施通过改变生态系统的结构与过程而影响其服务功能(Bennett et al.,2009),因此,加深对生态系统服务功能变化的"非线性"和"阈值"特征的研究显得尤为重要。未来可依靠野外生态定位研究站等平台,结合长期实验观测数据,揭示生态系统结构和功能形成机制。

2. 生态系统服务功能的尺度转化效率

生态系统服务功能的形成依赖于一定的时间和空间尺度上的生态系统结构与过程,只有在特定的时空尺度上才能表现其显著的主导作用和效果(傅伯杰等,2009)。生态系统结

构复杂，不同的立地条件、植被类型、地域差异较大，而且具有时效性，最终导致生态系统服务功能的空间异质性。因此，阐明各种生态系统服务功能时空变异特性、尺度效应和多尺度关联因素，开展多尺度、多时效、多层次生态系统服务功能的转化效率研究，进而提高生态系统服务功能评估精度和准确性。未来在广泛生态系统服务功能定位研究的基础上，结合GIS和RS监测，从点到面不同尺度地转化深层次研究将成为生态系统服务功能评估研究的重点。

3. 生态系统服务功能权衡和主导功能

生态系统强调多目标管理，通过可持续的管理活动提高某一类生态系统服务，兼顾其他生态系统服务，进而实现生态系统服务功能的最大化。就目前研究而言，该方面研究较少，对服务功能权衡产生机制理解较少。同时，各服务功能之间具有相关性。已有研究表明，人类对一些服务功能的过度利用可能会导致另一些服务功能的显著下降、衰退甚至丧失，特别是当许多服务功能之间存在非线性关系时，其变化更加难以预测（Millennium Ecosystem Assessment，2005）。因此，加深生态系统服务功能权衡和主导功能研究，是实现生态系统管理可持续发展的前提。

4. 生态系统功能与服务的转化

随着生态系统服务功能研究发展，人们清楚地认识到生态系统功能和服务之间具有差异性，前者属于自然属性，后者则是强调人类的利用。目前生态系统服务评估更多集中于价值评估，缺乏对从生态系统功能向服务转化的研究，在评价主体对生态系统提供各种效益缺乏认识的情况下，计量结果不确定性较大，难以客观地反映出实际价值（吴强等，2016）。因此，必须将生态系统功能与服务辨析清楚，明白功能向服务转化的机制，实现生态系统的可持续发展和利用。

林区,达到 95.11%。之后依次为十堰市、恩施州和宜昌市,其森林覆盖率分别为 73.29%、70.04%、68.52%。平原湖区森林覆盖率普遍较低,其中森林覆盖率最低的地区为潜江市,之后依次为仙桃市和天门市,分别为 6.01%、6.82%、8.90%。

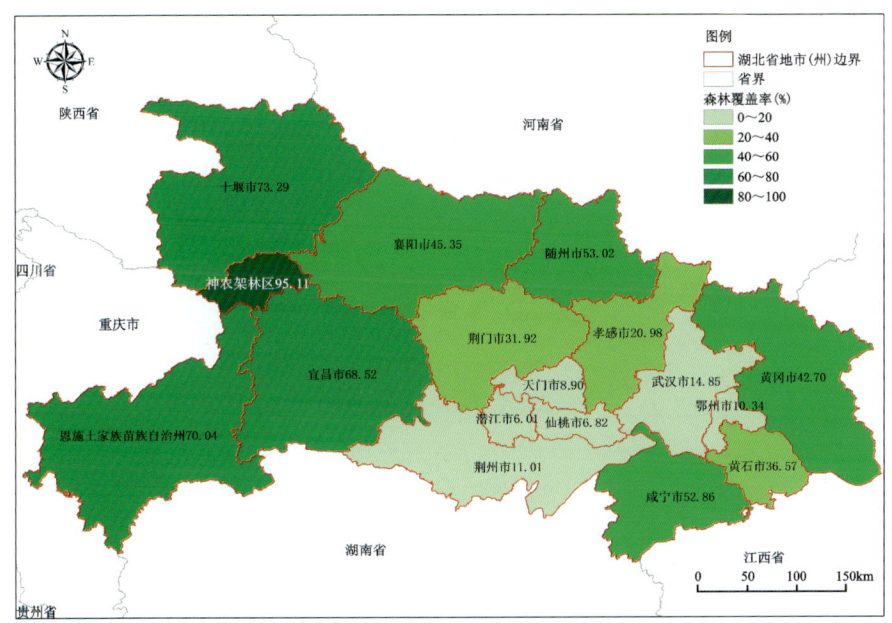

图 2-2 湖北省各地市(州)森林覆盖率分布图

湖北省各类型森林空间分布呈现出较明显的差异,多数阔叶混交林及针阔混交林聚集性分布于湖北省西部地区,硬阔类树种主要分布于襄阳市东北部,马尾松类、杉木类大面积分布于黄冈市(图 2-3)。

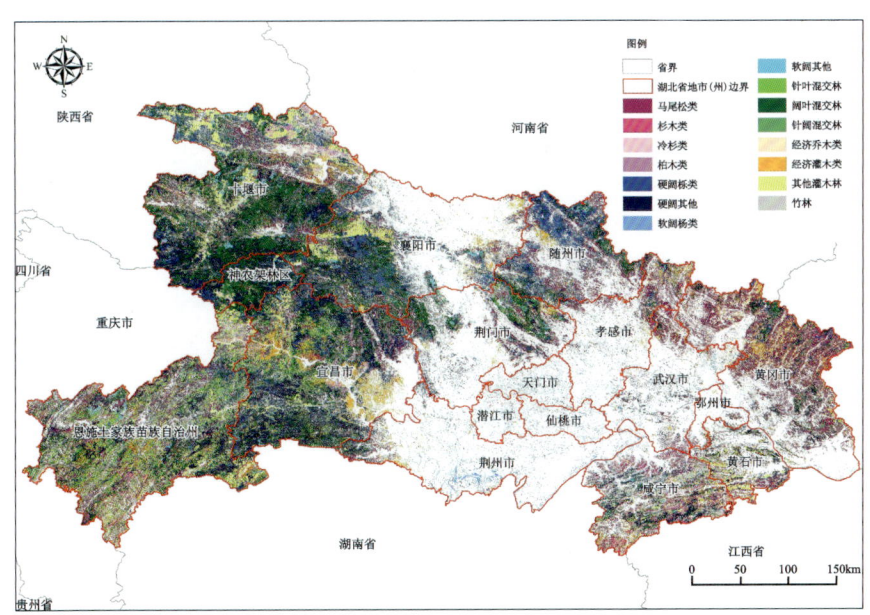

图 2-3 湖北省森林植被类型空间分布图

全省森林总蓄积量为 4.15 亿 m^3。其中,乔木林蓄积量占全省森林总蓄积量的 94.96%;疏林蓄积量占全省森林总蓄积量的 0.01%;散生木蓄积量占全省森林总蓄积量的 0.12%;四旁树株数 93 229.03 万株,其蓄积量占全省森林总蓄积量的 4.91%。竹林共计 124 884.3 万株。湖北省各类林木蓄积量构成如图 2-4 所示。

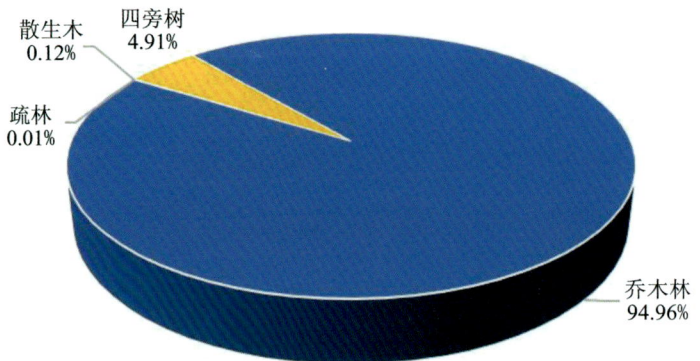

图 2-4　湖北省各类林木蓄积量构成图

按林种划分,湖北省防护林面积占全省森林面积的 38.35%,特用林面积占全省森林面积的 5.10%,用材林面积占全省森林面积的 48.08%,能源林面积占全省森林面积的 1.75%,经济林面积占全省森林面积的 6.72%。全省用材林面积所占比例最大,其次是防护林,能源林所占比例最小。湖北省各林种面积占比如图 2-5 所示。

从森林年龄结构看,湖北省森林以幼龄林和中龄林为主,两个林龄组森林的面积占湖北省森林总面积的比例分别达到 57.88% 和 26.20%。近熟林、成熟林面积分别占湖北省森林总面积的 10.33% 和 4.54%,而过熟林面积仅占森林总面积的 1.05%(图 2-6)。

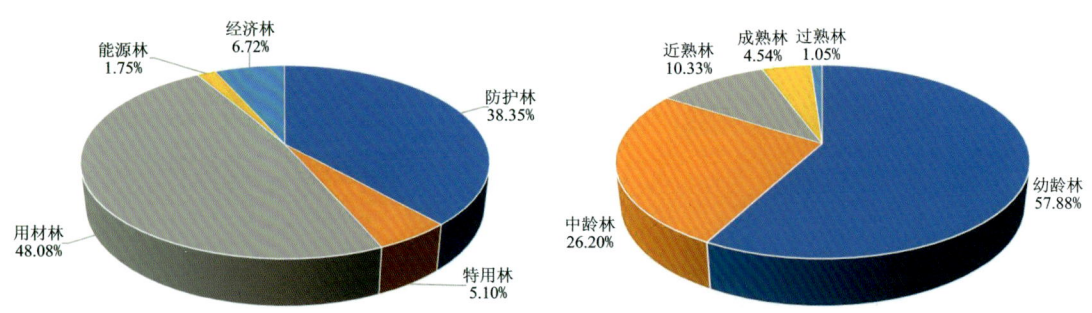

图 2-5　湖北省各林种面积构成图　　图 2-6　湖北省森林林龄组组成统计图

从空间分布来看,大量的中、幼龄林森林小班广泛分布于湖北省各个行政区,在湖北省西部的十堰市、宜昌市、恩施州以及神农架林区分布较多,而近熟林主要分布在黄冈市东部地区(图 2-7)。

第二章　湖北省林业资源概况

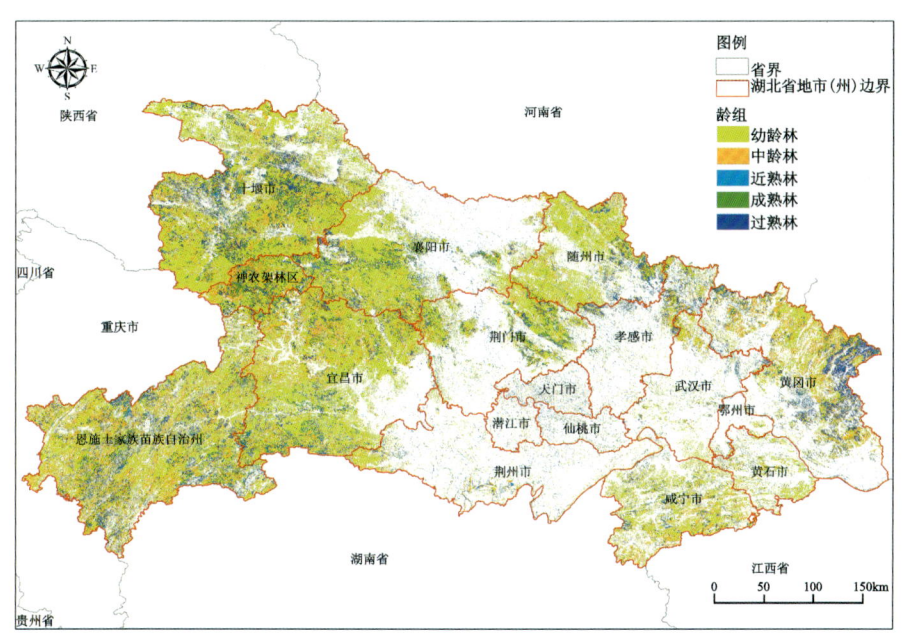

图 2-7　湖北省森林林龄组空间分布图

第五节　湿地资源概况

一、湿地类型与分布

湖北省湿地资源非常丰富,湖泊河流众多,是著名的"鱼米之乡"。湿地分布非常广泛,包括河流湿地、湖泊湿地、沼泽湿地等自然湿地和库塘、运河、输水河、水产养殖场等人工湿地。根据2012年全省第二次湿地资源调查结果,全省面积达 8hm² 以上的湿地总面积为 144.496 万 hm²,占全省土地总面积的 7.77%,详见表 2-1。

二、湿地植物资源

湖北省湿地植物种类繁多,共有高等植物 172 科,560 属,1164 种。其中,苔藓植物 15 科,19 属,21 种;蕨类植物 24 科,36 属,57 种;裸子植物 2 科,4 属,4 种;被子植物 131 科,501 属,1 082 种。湿地植物优势种主要有芦苇、藕草、菰、莲等。湖北省湿地区域内分布有国家重点保护野生植物 17 种,其中Ⅰ级有水杉、莼菜 2 种,Ⅱ级有粗梗水蕨、水蕨、野菱、莲等 14 种。

表 2-1　湖北省湿地类型和面积统计表

湿地类型		面积（万 hm²）	占比（%）
河流湿地	永久性河流	36.480	25.25
	洪泛平原湿地	8.560	5.92
湖泊湿地	永久性淡水湖	27.690	19.16
沼泽湿地	藓类沼泽	0.128	0.09
	草本沼泽	3.450	2.39
	灌丛沼泽	0.024	0.02
	森林沼泽	0.028	0.02
	沼泽化草甸	0.066	0.04
人工湿地	库塘	30.220	20.91
	运河、输水河	9.590	6.64
	水产养殖场	28.260	19.56
合计		144.496	100.00

三、湿地动物资源

湖北省湿地野生动物包括鱼类、两栖类、爬行类、鸟类和哺乳类。全省各类湿地生态系统现有野生动物 5 纲，37 目，104 科，618 种。其中，鱼类 12 目，26 科，201 种（亚种），主要有鲢、鳙、青鱼、草鱼、鲇、黄颡鱼、鲍类、乌鳢、鳜鱼、黄鳝等；湿地两栖类 2 目，10 科，68 种（亚种），主要有黑斑侧褶蛙、湖北侧褶蛙、泽陆蛙、虎纹蛙等；湿地爬行类 2 目，9 科，43 种，主要有鳖、大头乌龟、赤链蛇、滑鼠蛇等；湿地哺乳类 6 目，13 科，34 种，主要有江豚、麋鹿、青鼬、黑线仓鼠等。全省有国家Ⅰ级重点保护野生动物 12 种，分别是中华鲟、达氏鲟、白鲟、东方白鹳、黑鹳、中华秋沙鸭、白头鹤、白鹤、大鸨、白尾海雕、白鱀豚、麋鹿；国家Ⅱ级保护动物 46 种，主要有胭脂鱼、大鲵、细痣疣螈、虎纹蛙、卷羽鹈鹕、海南虎斑鳽、彩鹳、白琵鹭、红胸黑雁、白额雁等。全省现有湿地鸟类 15 目，46 科，272 种。其中水鸟有 10 目，22 科，145 种（水鸟划分标准依据国家林业局第二次湿地资源调查界定的水鸟名录）；其他湿地鸟类有 8 目，26 科，127 种。湖北省湿地鸟类中，有 46 种鸟类被列为国家级重点保护动物，有国家Ⅰ级重点保护鸟类 7 种，包括东方白鹳、黑鹳、中华秋沙鸭、白头鹤、白鹤、大鸨、白尾海雕，有国家Ⅱ级重点保护鸟类 39 种，包括卷羽鹈鹕、海南虎斑鳽、彩鹳、白琵鹭等。

四、湿地保护现状

历届湖北省委、省政府高度重视湿地保护工作，全省各级湿地保护管理部门按照"保护优先、科学修复、合理利用、持续发展"的原则，不断强化湿地保护。目前，湖北省已建各类湿地公园、湿地保护区168个。其中，国际重要湿地6个，即沉湖、洪湖、大九湖、网湖、崇湖和沙湖；国家湿地公园66个；湖北省国家级和省级湿地自然保护区各16个；省级湿地公园38个；市县级湿地保护区以及湿地保护小区若干个。湖北省湿地有效保护率提高到52.6%。

第三章

湖北省林业生态服务价值评估体系

第一节　森林生态系统服务评估指标与方法

一、评估标准和数据基础

根据湖北省林业生态功能区划,以 2020 年发布的国家标准《森林生态系统服务功能评估规范》(GB/T 38582—2020)为依据,依托 2019 年全省森林资源二类调查数据,结合湖北省统计局等国家机关单位公开发布的官方数据和不同区域监测样点的采样数据,对全省 39 个市辖区、26 个县级市、35 个县、2 个自治县、1 个省直辖林区,合计 103 个县级行政区划内的所有森林开展生态系统服务功能价值核算。评估基准年为 2019 年。

退耕还林工程监测主要依据《退耕还林工程生态效益监测评估技术标准与管理规范》(办退字〔2013〕16 号)确定的方法开展,依托湖北森林生态系统服务评价基础数据,结合退耕还林效益监测点定位观测收集的数据,对全省 17 个地市(州)的 97 个县的退耕还林区开展评估。评估基准年为 2019 年。

二、评估指标体系

参照《森林生态系统服务功能评估规范》(GB/T 38582—2020),选择涵养水源、保育土壤、林木养分固持、固碳释氧、净化大气环境、林产品供给、森林康养、生物多样性保护 8 个方面 13 项指标进行森林生态系统服务价值测算(图 3-1),在突出湖北森林生态资源特点的同时,充分考虑以下原则。

第一,科学性原则。所确定的标准和指标体系要能够科学地反映出森林可持续发展的内涵与要求,能反映出森林本身内在效益的大小和实现的方式,并能进一步反映出森林生态系统的演变状态和发展趋势,对森林生态可持续发展具有指导作用。

第二,完整性原则。指标体系作为一个有机的整体,要能全面反映出森林生态系统效益的主要本质特点及其效益的基本组成结构,尽可能全面覆盖效益内容,并且要求指标体系中各项指标之间既相互联系,又不能重叠,具有相对独立性。

第三,可行性原则。指标体系中各指标的概念要明确,数据容易采集,便于统计、计算、比较和分析。同时评价指标能付诸实用,具有可操作性,以保证评估工作能够顺利进行并有足够的可信度。

第四,层次性原则。指标体系要根据研究目的需要和指标功能不同分出层次,不同层次反映出不同等级内容,层次之间应有明确对应关系,层次内部各分量是并列关系。

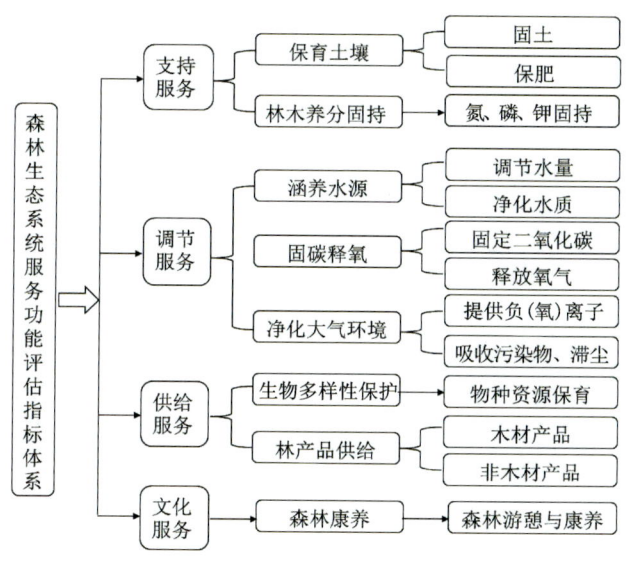

图 3-1 评估指标体系

三、评估方法

1. 涵养水源功能

森林涵养水源功能是指森林对降水的截留、吸收和储存,将地表水转化为地表径流或地下水的作用。根据森林涵养水源特点,本书选取调节水量和净化水质 2 个指标进行涵养水源物质量和价值量的计量,以反映森林的水源涵养效益。以 1km×1km 网格尺度为评估单元,分析湖北省森林生态系统涵养水源功能及价值特征。

1)调节水量指标

(1)年调节水量

森林年调节水量计算公式为

$$G_{调}=10\times A\times (P-E-C)$$
$$C=P\times \omega \times \alpha \tag{3-1}$$

式中:$G_{调}$为林分调节水量(m^3/a);P为实测林外降水量(mm/a);E为实测林分蒸散量(mm/a);A为林分面积(hm^2);C为地表径流量(mm/a);ω为湖北省不同树种林分调查标准地地表径流系数;α为地表径流修正系数。

地表径流修正系数(α)依据不同小班草本覆盖度、灌木覆盖度、郁闭度与林分调查标准地草本覆盖度、灌木覆盖度、郁闭度的比值,并基于权重法综合计算得出。

(2)年调节水量价值

采用水库工程的蓄水成本(替代工程法)来确定森林涵养水源的经济价值。根据2019年我国水库建设单位库容造价,价值量计算公式为

$$U_{调} = 10 \times C_{库} \times A \times (P - E - C) \qquad (3-2)$$

式中:$U_{调}$为实测森林年调节水量价值(元/a);$C_{库}$为水库库容造价(元/a);P为实测林外降水量(mm/a);E为实测林分蒸散量(mm/a);C为地表径流量(mm/a);A为林分面积(hm^2)。

2)净化水质指标

(1)年净化水质量

由于森林在蓄持水量的同时在一定程度上净化了水质,本书中年净化水质量等同于年调节水量。

(2)年净化水质价值

森林年净化水质价值根据净化水质工程成本(替代工程法)计算。在评估净化水质经济价值时,单位价值取工业净化用水的平均价格,采用2019年全国各大城市居民用水价格的平均值,为2.94元/t。价值量计算公式为

$$U_{水质} = 10 \times K_{水} \times A \times (P - E - C) \qquad (3-3)$$

式中:$U_{水质}$为实测林分净化水质价值(元/a);$K_{水}$为水的净化费用(元/a);P为实测林外降水量(mm/a);E为实测林分蒸散量(mm/a);C为地表径流量(mm/a);A为林分面积(hm^2)。

2. 保育土壤功能

森林保持水土功能,主要是利用庞大的根系对土壤进行改良、固持和网络,同时利用林冠层和枯枝落叶层削减侵蚀性降雨的雨滴动能,拦截、分散、滞缓和减弱地表径流作用以及保护土壤结构稳定等作用来实现的。森林的生长发育及其代谢产物不断对土壤产生物理化学影响,并参与土体内部的能量转换与物质循环,使得土壤肥力提高。本书选用固土指标和保肥指标,用RUSLE模型评估实际土壤流失量,以反映森林保育土壤功能。以1km×1km网格尺度为评估单元分析湖北省森林生态系统涵养水源功能及价值特征。

1)固土指标

(1)年固土量

森林的固土功能体现在降低地表土壤侵蚀的程度,所以可以通过裸地和有林地土壤侵蚀程度的差异来估算森林的保土量,这也是国内外对于森林固土效益评估比较通用的计量方法。RUSLE模型结构表达式为

$$A_c = A_p - A_r = R \times K \times L \times S \times (1 - C) \times P \qquad (3-4)$$

式中：A_c 为土壤保持量（m^3）；A_p 为潜在土壤侵蚀量（m^3）；A_r 为实际土壤侵蚀量（m^3）；R 为降水因子；K 为土壤侵蚀因子；L 为坡长因子；S 为坡度因子；C 为植被覆盖因子；P 为水土保持管理措施因子。R、L、S、C 和 P 均为无量纲。

（2）年固土价值

采用固土量乘挖填土方成本计算森林固土价值，此种方法计算森林固定土壤效益为直接恢复林地土壤成本费用，简单明了，易于接受。其计量模型为

$$U_{固土} = C_土 \times A_c \tag{3-5}$$

式中：$U_{固土}$ 为实测林分年固土价值（元/a）；$C_土$ 为挖取和运输单位体积土方所需费用（元/m^3）；A_c 为土壤保持量（m^3）。

2）保肥指标

（1）年保肥量

土壤侵蚀使土壤中的氮、磷、钾及有机质大量流失，从而增加土壤的化肥施用量，因此森林减少土壤氮、磷、钾及有机质损失的量，即保肥量，可通过森林每年减少土壤流失的量（土壤保持量）与流失土壤中氮、磷、钾和有机质含量的乘积来表示。其计量模型为

$$\begin{cases} G_M = M \times A_c \\ G_N = N \times A_c \\ G_P = P \times A_c \\ G_K = K \times A_c \end{cases} \tag{3-6}$$

式中：G_M 为林分固持土壤而减少的有机质流失量（t/a）；G_N 为林分固持土壤而减少的氮流失量（t/a）；G_P 为林分固持土壤而减少的磷流失量（t/a）；G_K 为林分固持土壤而减少的钾流失量（t/a）；M 为土壤含有机质量（%）；N 为土壤含氮量（%）；P 为土壤含磷量（%）；K 为土壤含钾量（%）；A_c 为土壤保持量（m^3）。

（2）年保肥价值

年固土量中氮、磷、钾的物质量换算成化肥价值即为林分年保肥价值。本书中林分年保肥价值以固土量中的氮、磷、钾物质量折合成磷酸二铵化肥和氯化钾化肥的价值来体现（见附表）。其计量模型为

$$U_{肥} = A_c \times N/R_1 \times C_1 + A_c \times P/R_2 \times C_1 + A_c \times K/R_3 \times C_2 + A_c \times M \times C_3 \tag{3-7}$$

式中：$U_{肥}$ 为实测林分年保肥价值（元/a）；N 为土壤含氮量（%）；P 为土壤含磷量（%）；K 为土壤含钾量（%）；M 为土壤含有机质量（%）；R_1 为磷酸二铵化肥含氮量（%）；R_2 为磷酸二铵化肥含磷量（%）；R_3 为氯化钾化肥含钾量（%）；C_1 为磷酸二铵化肥价格（元/t）；C_2 为氯化钾化肥价格（元/t）；C_3 为有机质价格（元/t）；A_c 为土壤保持量（m^3）。

3. 固碳释氧功能

森林与大气的物质交换主要是 CO_2 与 O_2 的交换，这对维持大气中 CO_2 和 O_2 的动态平衡、降低温室效应以及为人类提供生存基础等具有不可替代的作用。在森林生态系统中，树木和土壤是两个重要的碳库，本书选用固碳、释氧2个指标反映森林固碳释氧功能。根据光

合作用化学反应式,营造林植被每积累1.0g干物质,可以吸收1.63g二氧化碳(CO_2),释放1.19g氧气(O_2)。

按照森林优势,树种可划分成15个一级测算单元,分别为杉木类、马尾松类、冷杉类、柏木类、硬阔栎类、硬阔其他类、软阔杨类、软阔其他类、针叶混类、针阔混类、阔叶混类、竹类、经济乔木类、经济灌木类、其他灌木类。基于优势树种分类结果,按照林龄组划分为幼龄林、中龄林、近熟林、成熟林、过熟林5个二级测算单元。

1)固碳指标

(1)年固碳量

根据光合作用的化学反应式,本书选择生物量法估算森林的年固碳量。其计量模型为

$$G_{碳} = A \times (1.63 \times R_{碳} \times B_{年} + F_{土壤碳}) \tag{3-8}$$

式中:$G_{碳}$为实测林分年固碳量(t/a);$R_{碳}$为CO_2中碳的含量,为27.27%;$B_{年}$为实测林分年净生产力[t/(hm²·a)];$F_{土壤碳}$为单位面积土壤年固碳量[t/(hm²·a)];A为林分面积(hm²)。

(2)年固碳价值

年固碳价值计算公式为

$$U_{碳} = A \times C_{碳} \times (1.63 \times R_{碳} \times B_{年} + F_{土壤碳}) \tag{3-9}$$

式中:$U_{碳}$为实测林分年固碳价值(元/a);$R_{碳}$为CO_2中碳的含量,为27.27%;$B_{年}$为实测林分年净生产力[t/(hm²·a)];$F_{土壤碳}$为单位面积土壤年固碳量[t/(hm²·a)];A为林分面积(hm²);$C_{碳}$为固碳价格(元/t)。

2)释氧指标

(1)年释氧量

年释氧量计算公式为

$$G_{氧} = 1.19 \times A \times B_{年} \tag{3-10}$$

式中:$G_{氧}$为实测林分年释氧量(t/a);$B_{年}$为实测林分年净生产力[t/(hm²·a)];A为林分面积(hm²)。

(2)年释氧价值

年释氧价值计算公式为

$$U_{氧} = 1.19 \times C_{氧} \times A \times B_{年} \tag{3-11}$$

式中:$U_{氧}$为实测林分年释氧量(t/a);$B_{年}$为实测林分年净生产力[t/(hm²·a)];$C_{氧}$为制造氧气的价格(元/t);A为林分面积(hm²)。

4. 林木养分固持功能

森林在生长过程中不断从周围环境中吸收营养物质,固定在植物体中,成为全球生物化学循环不可缺少的环节,为此本书选用林木营养累积指标反映营造林累积营养物质效益。林木养分固持功能评估测算单元同固碳释氧功能。

1)林木营养年累积量

林木营养年累积量计算公式为

$$\begin{cases} G_{氮} = A \times N_{营养} \times B_{年} \\ G_{磷} = A \times P_{营养} \times B_{年} \\ G_{钾} = A \times K_{营养} \times B_{年} \end{cases} \quad (3\text{-}12)$$

式中：$G_{氮}$为林分固氮量(t/a)；$G_{磷}$为林分固磷量(t/a)；$G_{钾}$为林分固钾量(t/a)；$N_{营养}$为林木氮元素含量(%)；$P_{营养}$为林木磷元素含量(%)；$K_{营养}$为林木钾元素含量(%)；$B_{年}$为实测林分年净生产力[t/(hm²·a)]；A为林分面积(hm²)。

2) 林木营养年积累价值

采取把营养物质折合成磷酸二铵化肥和氯化钾化肥方法计算林木营养积累价值。表达式为

$$U_{营养} = A \times B_{年}(N_{营养} \times C_1/R_1 + P_{营养} \times C_1/R_2 + K_{营养} \times C_2/R_3) \quad (3\text{-}13)$$

式中：$U_{营养}$为实测林分氮、磷、钾年增加价值(元/a)；$N_{营养}$为实测林木含氮量(%)；$P_{营养}$为实测林木含磷量(%)；$K_{营养}$为实测林木含钾量(%)；R_1为磷酸二铵含氮量(%)；R_2为磷酸二铵含磷量(%)；R_3为氯化钾含钾量(%)；C_1为磷酸二铵化肥价格(元/t)；C_2为氯化钾化肥价格(元/t)；$B_{年}$为实测林分年净生产力[t/(hm²·a)]；A为林分面积(hm²)。

5. 净化大气环境功能

森林具有提供负离子、吸收大气污染物、滞尘、降低噪声、改善小气候等功能。本书选取提供负离子量，吸收二氧化硫、氮氧化物、氟化物，以及滞尘的量来反映森林净化大气环境的能力。

以 2019 年全省森林资源二类调查小班为评估单元，将森林优势树种划分成 15 个测算单元，分别为杉木类、马尾松类、冷杉类、柏木类、硬阔栎类、硬阔其他类、软阔杨类、软阔其他类、针叶混类、针阔混类、阔叶混类、竹类、经济乔木类、经济灌木类、其他灌木类。其他污染物指标均以湖北省第 i 个树种单位面积年平均吸收污染物数量与第 i 个树种林分面积乘积计算。

1) 提供负离子指标

(1) 年提供负离子数量

$$G_{负离子} = \sum_{i=1}^{n} A_i \times Q_i \quad (3\text{-}14)$$

式中：$G_{负离子}$为实测林分年提供负离子数量(个/a)；Q_i为湖北省第 i 个树种单位面积年平均提供负离子数量[个/(hm²·a)]；A_i为第 i 个树种林分面积(hm²)。

(2) 年提供负离子价值

$$U_{负离子} = K_{负离子} \sum_{i=1}^{n} A_i \times Q_i \quad (3\text{-}15)$$

式中：$U_{负离子}$为实测林分年提供负离子价值(元/a)；$K_{负离子}$为负离子生产费用(元/个)；Q_i为湖北省第 i 个树种单位面积年平均提供负离子数量[个/(hm²·a)]；A_i为第 i 个树种林分面积(hm²)。

2）吸收二氧化硫指标

（1）吸收二氧化硫量

$$G_{二氧化硫} = Q_{二氧化硫} \times A / 1\,000 \qquad (3\text{-}16)$$

式中：$G_{二氧化硫}$为林分年吸收二氧化硫量（t/a）；$Q_{二氧化硫}$为实测林分年吸收二氧化硫的量[kg/(hm²·a)]。

（2）吸收二氧化硫价值

$$U_{二氧化硫} = G_{二氧化硫} \times K_{二氧化硫} \qquad (3\text{-}17)$$

式中：$U_{二氧化硫}$为林分年吸收二氧化硫的价值（元/a）；$G_{二氧化硫}$为林分年吸收二氧化硫的量（t/a）；$K_{二氧化硫}$为二氧化硫治理费用（元/t）。

3）吸收氮氧化物指标

（1）吸收氮氧化物量

$$G_{氮氧化物} = Q_{氮氧化物} \times A / 1\,000 \qquad (3\text{-}18)$$

式中：$G_{氮氧化物}$为林分年吸收氮氧化物量（t/a）；$Q_{氮氧化物}$为实测林分年吸收氮氧化物的量[kg/(hm²·a)]。

（2）吸收氮氧化物价值

$$U_{氮氧化物} = G_{氮氧化物} \times K_{氮氧化物} \qquad (3\text{-}19)$$

式中：$U_{氮氧化物}$为林分年吸收氮氧化物的价值（元/a）；$G_{氮氧化物}$为林分年吸收氮氧化物的量（t/a）；$K_{氮氧化物}$为氮氧化物治理费用（元/t）。

4）吸收氟化物指标

（1）吸收氟化物量

$$G_{氟化物} = Q_{氟化物} \times A / 1\,000 \qquad (3\text{-}20)$$

式中：$G_{氟化物}$为林分年吸收氟化物量（t/a）；$Q_{氟化物}$为实测林分年吸收氟化物的量[kg/(hm²·a)]。

（2）吸收氟化物价值

$$U_{氟化物} = G_{氟化物} \times K_{氟化物} \qquad (3\text{-}21)$$

式中：$U_{氟化物}$为林分年吸收氟化物的价值（元/a）；$G_{氟化物}$为林分年吸收氟化物的量（t/a）；$K_{氟化物}$为氟化物治理费用（元/t）。

5）滞尘指标

（1）滞尘量

$$G_{滞尘} = Q_{滞尘} \times A / 1\,000 \qquad (3\text{-}22)$$

式中：$G_{滞尘}$为林分年滞尘量（t/a）；$Q_{滞尘}$为实测林分年滞尘的量[kg/(hm²·a)]。

（2）滞尘价值

$$U_{滞尘} = G_{滞尘} \times K_{滞尘} \qquad (3\text{-}23)$$

式中：$U_{滞尘}$为林分年滞尘的价值（元/a）；$G_{滞尘}$为林分年滞尘的量（t/a）；$K_{滞尘}$为滞尘清理费用（元/t）。

6. 生物多样性保护功能

由于林地环境的改善，森林对物种多样性的保护产生了积极的影响。由于保护生物多样性的功能量难以量化,本书仅对森林保护生物多样性的价值量进行分析,采用分级评价指数来计算森林的保护生物多样性效益。

基于湖北省森林及自然保护地数据库,按国家公园、国家级自然保护地、省级自然保护地、市级自然保护地、非自然保护地过熟林及成熟林、非自然保护地中龄林及近熟林、非自然保护地幼龄林生成生物多样性保护分级图。以此为基础,将生物多样性保护效益程度划分为7种类型。在此基础上小班内优势树种组成树种数量大于4,将生物多样性保护效益分级升2级作为生物多样性保护等级;小班内优势树种组成树种数量大于2且小于4,将保护生物多样性效益分级升1级作为生物多样性保护等级。最后龄组为近熟林、成熟林及过熟林的森林小班,将生物多样性保护效益分级升1级作为生物多样性保护等级。经修正后得出湖北省生物多样性保护效益分级图。当指数分级评价指数=1时,单位面积保护生物多样性价值为3 000元/($hm^2 \cdot a$);当指数分级评价指数=2时,单位面积保护生物多样性价值为5 000元/($hm^2 \cdot a$);当指数分级评价指数=3时,单位面积生物多样性保护价值为10 000元/($hm^2 \cdot a$);当指数分级评价指数=4时,单位面积生物多样性保护价值为20 000元/($hm^2 \cdot a$);当指数分级评价指数=5时,单位面积生物多样性保护价值为30 000元/($hm^2 \cdot a$);当指数分级评价指数=6时,单位面积生物多样性保护价值为40 000元/($hm^2 \cdot a$);当指数分级评价指数=7时,单位面积生物多样性保护价值为50 000元/($hm^2 \cdot a$)。

7. 林产品供给功能

湖北省森林资源林木产品供给及非林木产品供给为参考湖北省2019年统计年鉴数据所得。

8. 森林康养功能

由于林地环境的改善,森林对生态旅游及游憩产生了积极的影响。由于森林康养的实物量难以量化,本书仅对价值量进行分析,采用分级评价指数来计算森林康养价值,按国家公园、国家级自然保护地、省级自然保护地、市级自然保护地、普通森林进行分级。基于调查问卷获取湖北省居民对不同类型森林保护支付意愿,最终得出湖北省森林康养价值。

$$U_r = \sum_{i=1}^{n} K_i \times U_i \tag{3-24}$$

式中:U_r为区域内年森林康养价值(元/a);K_i为第i个小班所属保护等级;U_i为第i个小班所属保护等级居民支付意愿(元/a)。

四、数据来源、处理、统计分析

湖北省森林生态系统服务评估是一项非常庞大、复杂的系统工程,本次评估采用基于生态系统尺度的定位实测数据,运用模型模拟等技术手段,进行由点到面的数据尺度转换,将点上实测数据转换至面上测算数据,结合湖北省森林资源二类调查小班数据得到各森林小班生态系统服务功能物质量及功能量,进而获得各级评估单元的测算数据。以上单元数据累加的结果即为全省森林生态系统服务评估区域测算结果。

1. 数据来源

本次核算过程中主要的数据及其来源如下：

(1)国家标准《森林生态系统服务功能评估规范》(GB/T 38582—2020)所规定的指标,以及相关指标评估计算方法与模型。

(2)为充分、客观反映湖北省森林资源结构与功能在空间、类型、林龄、立地等条件下的变异特征,本书利用野外样地调查的方式获取相关样地信息。研究过程中,利用湖北省森林清查样地、研究团队围绕湖北省森林开展的前期调查研究所用样地信息,补充调查样地等数据,对湖北省森林群落结构等信息进行提取。样地总体数量为143个,样地规模设置为20m×30m,调查过程中获取植被覆盖类型、植物多样性、植物群落结构、立地条件因子、人为活动干扰因子及其他环境条件因子等信息。所调查的样地广泛分布在湖北省不同行政区和各类型林分。

(3)问卷访谈调查。针对森林康养功能及森林康养利用特征,通过街头调查、公园问卷发放回收、网络调查问卷等问卷调查方式,发放和回收问卷以调查湖北省居民对各类型森林的使用规律分异和对康养功能的支付意愿。

(4)湖北省森林资源二类调查数据(2019),湖北省林地调查更新数据(2017);森林调查小班400万余个,包括所有林分调查因子,如地类、植被类型、林种、林分结构、林分立地、林分经营等详细信息。

(5)湖北省卫星遥感影像数据。主要包括Landsat 8 OLI多光谱数据、DEM数据、NDVI数据等。

(6)湖北省森林生态系统定位观测研究站多年连续观测数据。

(7)湖北省气象定位观测站多年连续观测降雨、蒸散、气温等数据。

(8)国家政府部门发布的公共数据。

(9)国内外主流期刊刊出的文章,近年来出版的专著。

2. 数据处理

按照数据类型和处理方法差异,数据处理过程主要包括以下几个方面。

1)遥感数据处理

采用Landsat 8 OLI多光谱数据获取湖北省植被覆盖指数特征,进而反映森林覆盖质量和植被多样性特征。Landsat 8遥感卫星数据为2019年获取的覆盖湖北省的多光谱数据(OLI),空间分辨率为30m。在ENVI 5.3软件中利用FLASSH模块,对上述遥感影像进行大气校正处理,在此基础上计算归一化植被指数产品(NDVI)。分别针对两期影像数据,提取完全植被覆盖和裸土像元NDVI值,进行植被指数等级划分,分辨率同化后进行均质化处理,获取植被指数等级以反映植物多样性空间变化特征。

归一化植被指数计算公式为

$$NDVI = (NIR - RED)/(NIR + RED) \tag{3-25}$$

式中：NDVI 为归一化植被指数，为 $-1\sim1$ 之间的数字图像，归一化植被指数越大，植被绿量/覆盖度越高，一般来说，植被完全覆盖时，NDVI 趋于 1，建筑用地和水体等非植被用地植被指数为负值；NIR 为遥感影像近红外波段；RED 为遥感影像红色波段。

2）生态系统服务功能指标计算

以各类型森林小班为单元，在 ArcGIS 软件（ESRI）的支持下，运用字段计算器、空间叠加计算、区域统计分析等工具，分别对不同指标进行计算和统计分析。

数据统计分析分别在 ArcGIS 分类统计工具和 EXCEL 软件中进行。

3. 数据统计分析

基于不同森林生态系统服务功能指标，分别以 1km×1km 网格尺度、森林小班为评估单元，在 ArcGIS 软件（ESRI）的支持下，运用字段计算器、空间叠加计算、区域统计分析等工具，基于区县尺度及不同林龄组统计单元进行统计分析，并依据主体功能区划，对湖北省地市（州）进行聚类分析评价。

五、森林生态系统服务功能价值核算价格参数

依据《森林生态系统服务功能评估规范》（GB/T 38582—2020），结合已处理的各类数据，完成湖北省生态系统服务功能物质量与价值量的计算。各类型服务功能及服务功能指标的价值化，依据评估规范中的相应方法（市场价值法、影子工程法等）进行。各指标的价格，按照科学、公认的原则，参照 2019—2020 年价格进行测算（表 3-1）。

表 3-1　湖北省森林生态系统服务评估价格参数表

编号	名称	单位	价格	来源及依据
1	水库建设单位库容投资	元/m³	6.32	中华人民共和国审计署，2013 年第 23 号公告：长江三峡工程动态总投资 2 485.37 亿元，水库正常蓄水水位高程 175 米，总库容 393m³
2	净化水质费用	元/t	3.49	2019 年湖北省自来水价格及污水处理费

续表 3-1

编号	名称	单位	价格	来源及依据
3	挖取单位体积土方费用	元/m³	37.50	根据湖北省劳动部门调查数据,每挖取 1m³ 土方需 2h,人工单价 150 元/d,每工日 8h
4	磷酸二铵含氮量	%	14.00	湖北省常见化肥产品说明
5	磷酸二铵含磷量	%	15.01	
6	氯化钾含钾量	%	50.00	
7	磷酸二铵化肥价格	元/t	2 400.00	中国农业部中国农业信息网 2019 年春季平均价格
8	氯化钾化肥价格	元/t	2 200.00	
9	有机质价格	元/t	800.00	
10	固碳价格	元/t	938.20	采用 2013 年瑞典碳税价格:136 美元/t 二氧化碳,按照 2019 年人民币兑美元平均汇率 6.898 5 换算为人民币价格
11	氧气价格	元/t	3 500.00	采用 2019 年国内医用氧气市场价格
12	负离子生产费用	元/10^{18} 个	10.00	采用《森林生态系统服务功能评估规范》(GB/T 38582—2020)推荐值
13	二氧化硫治理费用	元/kg	2.53	《排污费征收标准管理方法》《湖北省关于调整排污费征收标准等有关问题的通知》
14	氮氧化物治理费用	元/kg	2.53	
15	氟化物治理费用	元/kg	0.69	
16	降尘清理费用	元/kg	0.15	
17	生物多样性保育费用	元/hm²	3 000.00～50 000.00	采用《森林生态系统服务功能评估规范》(GB/T 38582—2020)推荐值

第二节　湿地生态系统服务评估指标与方法

一、湿地生态系统服务评估指标

湿地与人类生存、繁衍、发展息息相关,是自然界最富生物多样性的生态景观和人类最重要的生态环境之一。它不仅为人类的生产、生活提供多种资源,而且具有巨大的环境效益,在抵御洪水、调节径流、蓄洪防旱、控制污染、调节气候、控制土壤侵蚀、促淤造陆、美化环境等方面具有其他系统不可替代的作用(秦伟等,2003;白军红等,2005),具有多重服务功能。因此,湿地被誉为"地球之肾""生命的摇篮"和"物种基因库",与森林、海洋一起并称为"全球三大生系统"。湿地覆盖地球表面仅有6%,却为地球上20%的已知物种提供了生存环境(白军红等,2005;杨楠楠,2011)。

生态系统服务是指人类从生态系统中获得的效益,这些效益(benefit)包含食物、淡水、木材和文化价值等(Costanza et al.,1997;M.E.A,2005),生态系统服务对人类福祉产生重要的影响(Farber et al.,2006;Schmidt et al.,2016)。Costanza 等(1997)在《自然》杂志上刊登的《全球生态系统服务价值和自然资本》(*The value of the world's ecosystem Services and natural capital*)论文,评估全球生态系统服务总价值为33万亿美元(16万亿~54万亿美元),是国民生产总值(gross national product,GNP)的1.8倍,引起了全球广泛的关注。因此,我国学者在千年之际也加强了湿地生态系统服务价值的评估。

湿地生态系统服务评估是将生态系统服务功能货币化,转化为人民币的一种直观表达。因此,湿地生态系统服务的评估指标主要根据中华人民共和国林业行业标准《湿地生态系统服务评估规范》(LYT 2899—2017)和结合千年生态系统评估组(2005)区分的四大服务类型:供给服务、调节服务、文化服务和支持服务,具体指标包含食物生产、水资源供给、原材料生产、航运、电力供给、调洪蓄水、水质净化、补充地下水、气候调节、固碳、释氧、土壤保持、消浪护岸、休闲旅游、科研教育、生物多样性和净初级生产力等18项指标。因此,结合全国第二次湿地资源调查成果,兼顾全省湿地资源现状、数据有效性,对湖北省湿地生态系统服务功能价值进行评估。本研究评估的四大类服务和13项指标及其主要计算指标和评估方法见表3-2。

供给服务中,淡水产品计算的是湿地食物产品(淡水产品),水资源供给评估的是年度水资源供给量,原材料生产评估的是芦苇原材料(造纸原材料),航运评估的是水运中输运的游客量和货运量,能源生产评估的是水力发电的价值。供给服务采用的评估方法除航运为运输成本价值法外,其他为市场价值法。调节服务中,调洪蓄水评估的是湿地调蓄洪水和蓄水

表 3-2　湖北省湿地生态系统服务评估指标和评估方法

服务类型	评估指标	计算指标	评估方法
供给服务	淡水产品	淡水产品价值	市场价值法
	水资源供给	地表水资源供给量价值	市场价值法
	原材料生产	芦苇产量价值	市场价值法
	航运	水运货物和旅客运输价值	运输成本价值法
	能源生产	水力发电量价值	市场价值法
调节服务	调洪蓄水	调蓄洪水和蓄水价值	影子工程法
	水质净化	废水污水入河量湿地净化价值	废水处理成本法
	固碳	植物生物量固定 CO_2 价值	造林成本法
	释氧	植物生物量释放 O_2 价值	工业制氧法
	土壤保持	湿地减少因降雨等导致土壤侵蚀的土地废弃价值	替代成本法
文化服务	科研教育	湿地领域学术论文产出价值	科研成本投入法
	休闲旅游	旅游费用支出和时间成本价值	旅行费用支出法
支持服务	生物栖息地维持	生物多样性保护维持价值	生境保护投入法

量,水质净化评估的是入河污水废水量,固碳评估的是植物光合作用固定的大气二氧化碳(CO_2)量,释氧评估的是植物光合作用释放的氧气(O_2)量,土壤保持评估的是湿地减少因降水导致的土壤侵蚀量。调节服务评估指标物质量采用的方法有影子工程法、废水处理成本法、替代成本法、造林成本法、工业制氧法。文化服务中,科研教育评估采用湿地研究论文产出量,休闲旅游评估采用旅游费用支出和时间成本价值,评估方法有科研成本投入法和旅行费用支出法。支持服务的评估指标指生物栖息地维持,主要根据生境保护维持生物多样性价值,评估其价值量,评估方法采用生境保护投入法。

二、湿地生态系统服务评估方法

1. 供给服务价值

淡水产品价值计算公式:

$$V_1 = \sum Q_{1i} \times P_{1i} \tag{3-26}$$

式中:V_1 为淡水产品价值(元);Q_{1i} 为淡水产品产量(鱼类、虾蟹、贝类和其他淡水鱼类)(t);P_{1i} 为淡水产品价格(元/t),$i=1,2,3,4$。

水资源供给价值计算公式:

$$V_2 = \sum Q_{2i} P_{2i} \tag{3-27}$$

式中：V_2 为水资源供给价值（元）；Q_{2i} 为供水量（农业供水、工业供水和生活供水）（m³）；P_{2i} 为供水量单价（元/m³），$i=1,2,3$。

原材料生产价值计算公式：

$$V_3 = \sum Q_3 \times P_3 \tag{3-28}$$

式中：V_3 为原材料芦苇价值（元）；Q_3 为芦苇产量（t）；P_3 为芦苇单价（元/t）。

航运价值计算公式：

$$V_4 = E_4 \times D_4 + Q_4 \times P_4 \tag{3-29}$$

式中：V_4 为水运（货物运输和旅客运输）价值（元）；E_4 为航道水路运输货物周转量（t·km）；D_4 为货物运输单价［元/(t·km)］；Q_4 为旅客周转量（人·km）；P_4 为旅客运输单价［元/(人·km)］。

能源生产价值计算公式：

$$V_5 = Q_5 \times P_5 \tag{3-30}$$

式中：V_5 为水力发电价值（元）；Q_4 为水力发电量（kW·h）；P_5 为市场电价［元/(kW·h)］。

2. 调节服务价值

调洪蓄水价值计算公式：

$$V_6 = (Q_6 + S_6) \times P_6 \tag{3-31}$$

式中：V_6 为调洪蓄水价值（元）；Q_6 为调蓄洪水量（m³）；S_6 为蓄水量（m³）；P_6 为水库建造成本价格（元/m³）。

水质净化价值计算公式：

$$V_7 = Q_7 \times P_7 \tag{3-32}$$

式中：V_7 为湿地废水污水净化价值（元）；Q_7 为废水污水入河量（t）；P_7 为废污水处理成本价格（元/t）。

固碳价值计算公式：

$$V_9 = Q_9 \times P_9 \tag{3-33}$$

式中：V_9 为湿地固碳价值（元）；Q_9 为植物固碳量（t）；P_9 为造林成本价格（元/t）。

释氧（O_2）价值计算公式：

$$V_{10} = Q_{10} \times P_{10} \tag{3-34}$$

式中：V_{10} 为植物光合作用释放 O_2 价值（元）；Q_{10} 为植物光合作用释放 O_2 量（t）；P_{10} 为工业制氧价格（元/t）。

土壤保持价值计算公式：

$$V_{11} = Q_{11} \times P_{11} \tag{3-35}$$

式中：V_{11} 为湿地保持土壤价值（元）；Q_{11} 为湿地减少因降雨导致土壤侵蚀的土地废弃面积（hm²）；P_{11} 为水土保持治理单位面积投入经费（元/hm²）。

3. 文化服务价值

科研教育价值计算公式：

$$V_{12} = Q_{12} \times P_{12} \tag{3-36}$$

式中：V_{12} 为湿地提供科研教育价值（元）；Q_{12} 为湿地年科研论文产出量（篇）；P_{12} 为论文产出价格（元/篇）。

休闲旅游价值计算公式：

$$V_{13} = Q_{13} \times P_{13} + Q_{13} \times D_{13} \times S_{13} \times 30\% \tag{3-37}$$

式中：V_{13} 为湿地休闲旅游价值（元）；Q_{13} 为湿地年旅游游客量（人）；P_{13} 为人均旅游消费支出价格（元/人）；D_{13} 为人均湿地旅游时间（d）；S_{13} 为人均日工资[元/(d·人)]。

4. 支持服务价值

生物栖息地维持价值计算公式：

$$V_{14} = A \times P_{14} \tag{3-38}$$

式中：V_{14} 为湿地生物栖息地维持价值（元）；A 为湿地面积（hm²）；P_{14} 为湿地保护修复重大工程单位面积投入成本（元/hm²）。

第二篇

林业生态服务价值评估

第四章

湖北省森林生态系统服务价值评估

　　湖北省森林生态系统服务价值评估是以国家标准《森林生态系统服务功能评估规范》（GB/T 38582—2020）为依据，选择了涵养水源、保育土壤、林木养分固持、固碳释氧、净化大气环境、林产品供给、森林康养和生物多样性保护等8个方面13个指标。采用2019年湖北省森林资源二类调查数据，结合湖北省统计局等国家机关单位公开发布的官方数据和不同区域监测样点的采样数据，对全省103个县（县级区）的所有森林开展生态系统服务功能物质量和价值量评估。评估基准年为2019年。

　　本章在对湖北省森林生态系统服务功能的物质量和价值量进行核算的基础上，对比分析了全省各地市（州）和不同主体功能区森林生态系统服务特点，并对湖北省森林生态系统单项服务功能空间分布特征和各优势树种（组）生态系统服务功能进行了评估，弄清了湖北省森林生态系统服务价值构成和特点，为湖北省林业生态建设提供决策依据，为湖北省的生态产品价值实现及"两山"转化试点提供理论参考。

第一节　森林生态系统服务功能物质量

　　评估结果显示，湖北省森林生态系统在涵养水源、保育土壤、固碳释氧、林木养分固持、净化大气环境等方面发挥着重要的生态系统服务功能。

　　（1）涵养水源。森林年调节水量达到337.32亿 m^3（表4-1），相当于259个东湖的蓄水量之和。

　　（2）保育土壤。森林生态系统每年可以固持表层土壤量为64 296.38万 t，按照表层土20cm土壤容重1.3克/cm^3计算，相当于阻止了247 308.21hm^2 土地退化。森林通过减少土壤流失，可以固持土壤氮元素295.76万 t（相当于1 643.11万 t磷酸二铵的氮元素含量），土壤磷元素36.65万 t（相当于79.67万 t磷酸二铵的含磷量），土壤钾元素932.30万 t（相当于1 864.60万 t氯化钾肥料中的钾元素含量），固定土壤有机质14.47万 t。

　　（3）固碳释氧。湖北省森林生态系统年固碳和释氧量达到1 322.72万 t和2 396.64万 t，

相当于吸收了384.39万户家庭的年二氧化碳排放量,按人均日消耗氧气0.75kg计算,可满足8 955.71万人年消耗洁净氧气的需求。

(4)林木养分固持。湖北省森林生态系统植物生长每年积累氮元素、磷元素及钾元素营养物质量分别可达64.98万t、4.34万t和93.72万t。

(5)净化大气环境。湖北省森林生态系统每年可吸收二氧化硫95.95万t,吸收氟化物2.42万t,吸收氮氧化物4.99万t,同时可以滞尘16 245.00万t,提供负离子6.91×10^{25}个。

(6)林产品供给。湖北省森林生态系统每年可提供木材产品534万m^3。

表4-1 湖北省森林生态系统主要服务功能物质量统计表

服务功能类型	评估指标	物质量	单位
涵养水源	调节水量	337.32	亿m^3
保育土壤	固土	64 296.38	万t
	保持氮	295.76	万t
	保持磷	36.65	万t
	保持钾	932.30	万t
	保持有机质	14.47	万t
固碳释氧	固碳	1 322.72	万t
	释氧	2 396.64	万t
林木养分固持	积累氮	64.98	万t
	积累磷	4.34	万t
	积累钾	93.72	万t
净化大气环境	提供负离子	6.91	$\times10^{25}$个
	吸收二氧化硫	95.95	万t
	吸收氟化物	2.42	万t
	吸收氮氧化物	4.99	万t
	滞尘	16 245.00	万t
林产品供给	木材供给	534.00	万m^3
	竹材供给	3 724.50	万根
	非林木供给	98.95	万t

第二节 森林生态系统服务功能价值量

经测算(表4-2),2019年湖北省森林生态系统服务总价值为7 890.25亿元,森林生态系统服务单位面积价值为8.82万元/(hm²·a)。按照湖北省2019年常住人口5 775.26万人计算,湖北省居民人均享受森林生态系统服务价值为13 662.16元。2019年湖北省森林生态系统服务总价值相当于湖北省当年GDP(45 828.31亿元)的17.22%。

表4-2 湖北省森林生态系统服务功能价值量统计表

服务功能类型	评估指标	价值量(亿元/a)
涵养水源	调节水量	2 131.86
	净化水质	1 177.25
保育土壤	固土	192.89
	保持氮	507.01
	保持磷	58.60
	保持钾	410.22
	保持有机质	1.16
固碳释氧	固碳	124.10
	释氧	838.82
林木养分固持	积累氮	111.39
	积累磷	6.94
	积累钾	41.24
净化大气环境	提供负离子	6.91
	吸收二氧化硫	24.26
	吸收氟化物	0.17
	吸收氮氧化物	1.26
	滞尘	243.67
林产品供给	木材供给	80.10
	竹材供给	6.33
	非林木供给	159.03
森林康养	森林旅游	819.93
生物多样性保护	生物多样性	947.11
总计		7 890.25

湖北林业生态服务价值

第三节 森林生态系统服务功能分布特征

十堰市、恩施州和宜昌市是湖北省森林资源比较集中的地区,森林面积分别为 173.57 万 hm^2、168.56 万 hm^2、145.43 万 hm^2。这 3 个市(州)的森林生态系统服务功能价值较高(表 4-3,图 4-1),分别为 1 461.41 亿元、1 631.06 亿元、1 313.76 亿元,森林生态系统服务价值之和占全省森林生态系统服务总价值的 55.84%。鄂州市和其他省直辖地区(简称省直)森林生态系统服务功能价值较低,分别为 15.57 亿元和 47.27 亿元,仅占全省森林生态系统服务总价值的 0.80%。湖北省森林生态系统服务功能价值呈现出"西高东低"的分布格局。

表 4-3 湖北省各地市(州)森林生态系统服务功能价值量统计表

行政区	单位面积价值（元/hm^2）	总价值（亿元）	总价值占 GDP 的比例(%)
武汉市	79 454.32	101.03	0.62
黄石市	95 136.68	158.92	8.99
十堰市	84 195.85	1 461.40	72.61
宜昌市	90 338.31	1 313.76	29.45
襄阳市	74 172.94	663.31	13.79
鄂州市	93 389.20	15.57	1.37
荆门市	69 649.58	269.46	13.25
孝感市	74 612.02	139.44	6.05
荆州市	81 629.79	126.69	5.04
黄冈市	87 109.85	636.33	27.40
咸宁市	113 506.54	585.22	36.69
随州市	65 507.50	329.60	28.36
恩施州	96 766.60	1 631.06	140.69
神农架林区	133 554.10	411.19	1 251.36
其他省直	57 932.65	47.27	2.02
全省	90 062.09	7 890.25	17.22

国家重点开发区森林生态系统2019年调节水量达到1.73亿 m^3,固持表层土壤量2 437.28万t,可以保持土壤氮元素11.21万t,保持土壤磷元素1.39万t,保持土壤钾元素35.34万t,固定土壤有机质0.55万。国家重点开发区森林生态系统每年固碳和释氧的物质量达到了55.99万t和101.36万t,植物生长每年积累氮元素、磷元素及钾元素营养物质量分别可达2.63万t、0.17万t和3.61万t。在净化大气环境方面,每年可吸收二氧化硫3.64万t,吸收氮氧化物0.19万t,吸收氟化物0.09万t,同时每年可以滞尘615.80万t,提供负离子26.19×10^{23}个。

国家重点生态功能区森林生态系统2019年调节水量达到297.82亿 m^3,固持表层土壤量为40 904.48万t,可以保持土壤氮元素188.16万t,保持土壤磷元素23.32万t,保持土壤钾元素593.11万t,固持土壤有机质9.21万。每年固碳和释氧的物质量达到了870.81万t和1 585.53万t。国家重点生态功能区森林生态系统植物生长每年积累氮元素、磷元素及钾元素营养物质量分别可达43.71万t、2.92万t和63.81万t。在净化大气环境方面,每年可吸收二氧化硫61.04万t,吸收氮氧化物3.17万t,吸收氟化物1.54万t,同时每年可以滞尘10 334.85万t,提供负离子439.60×10^{23}个。

湖北省重点开发区森林生态系统2019年调节水量达到5.94亿 m^3,固持表层土壤量为4 515.11万t,可以保持土壤氮元素20.77万t,保持土壤磷元素2.57万t,保持土壤钾元素65.47万t,固定土壤有机质1.02万。在固碳、释氧两个生态系统服务功能物质量方面分别达到了85.24万t和152.58万t,每年积累氮元素、磷元素及钾元素营养物质量分别可达4.05万t、0.27万t和5.75万t。在净化大气环境方面,每年可吸收二氧化硫6.74万t,吸收氮氧化物0.35t,吸收氟化物0.17万t,同时每年可以滞尘1 140.78万t,提供负离子48.52×10^{23}个。

湖北省重点生态功能区森林生态系统2019年调节水量达到8.15亿 m^3,固持表层土壤量为1 573.09万t,可以保持土壤氮元素7.24万t,保持土壤磷元素0.90万t,保持土壤钾元素22.81万t,固定土壤有机质0.35万t。固碳、释氧物质量分别达到了33.44万t和60.71万t,森林生长每年积累氮、磷及钾元素营养物质量分别可达1.63万t、0.12万t和2.23万t。在净化大气环境方面,每年可吸收二氧化硫2.35万t,吸收氮氧化物0.12万t,吸收氟化物0.06万t,同时每年可以滞尘397.45万t,提供负离子16.91×10^{23}个。

二、不同主体功能区森林生态系统服务功能价值量特征

评估结果显示,2019年湖北省不同主体功能区森林生态系统服务功能价值量也有所差异(表4-5,图4-5)。其中,占湖北省面积63.62%的国家重点生态功能区森林生态系统2019年提供的服务功能价值量最高,占2019年湖北省总价值量的80.63%,价值达到6 361.91亿元;其次是国家农产品主产区,其森林生态系统服务功能价值量占总价值量的11.90%,价

值达到 938.91 亿元;国家重点开发区森林生态系统服务功能价值占全省总价值的 1.64%,价值为 129.21 亿元;湖北省重点开发区 2019 年森林生态系统服务功能价值为 266.42 亿元,占全省总价值的 3.38%;湖北省重点生态功能区服务功能价值占总价值比例最小,仅为 2.46%,价值量为 193.81 亿元。国家重点生态功能区、湖北省重点生态功能区 2019 年森林生态系统服务功能价值在 GDP 中占比较高,分别相当于对应功能区 GDP 的 76.95% 和 63.75%,表明这两个功能区森林生态环境与质量在全省处于前列,林业在当地社会经济发展中发挥着重要作用。国家重点开发区、湖北省重点开发区 2019 年森林生态系统服务功能价值水平相对较低,分别为对应功能区 GDP 的 0.61% 和 3.89%。

表 4-5　湖北省不同主体功能区森林生态系统服务功能总价值量统计表

主体功能区	价值量(亿元/a)	占总价值比例(%)	占功能区 GDP 比例(%)
国家农产品主产区	938.91	11.90	9.85
国家重点开发区	129.21	1.64	0.61
国家重点生态功能区	6 361.91	80.62	76.95
湖北省重点开发区	266.42	3.38	3.89
湖北省重点生态功能区	193.81	2.46	63.75

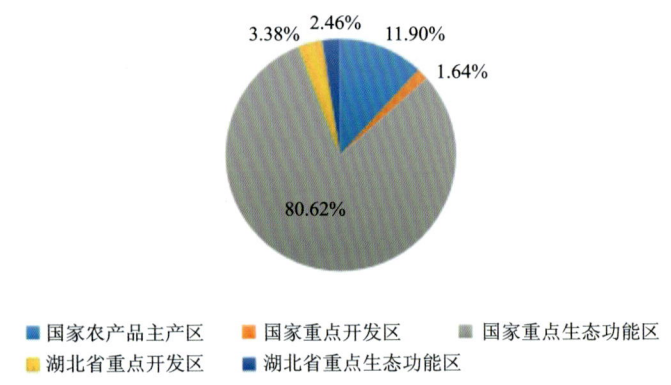

图 4-5　湖北省不同主体功能区森林生态系统服务功能价值量占比图

基于不同主体功能区 2019 年单位面积森林生态系统服务功能价值量分析(表 4-6),国家重点生态功能区为 11.19 万元/(hm^2 · a),处于最高水平,其次为湖北省重点生态功能区,为 8.94 万元/(hm^2 · a)。国家农产品主产区、国家重点开发区、湖北省重点开发区单位面积森林生态系统服务功能价值均相对较低且均小于国家重点生态功能区单位面积森林生态系统服务价值的 50%,分别为 4.57 万元/(hm^2 · a)、3.88 万元/(hm^2 · a)、4.27 万元/(hm^2 · a)。重点生态功能区是依法设立的各级各类自然文化资源保护区域以及其他需要特殊保护,禁止进行工业化、城镇化开发的重点区域,主要包括国家级自然保护区、风景名胜区、重要水源涵养区等。总体而言,重点生态功能区森林生态系统服务功能价值水平较高,重点生态功能区生态重要性高,以生态产品生产能力作为首要任务,能够在涵养水源、保持水土、净化大气环境、积累营养物质等方面发挥重要生态作用(表 4-7),对于支撑湖北省及周边区域甚至全国生态安全具有重要意义。以江汉平原、鄂北岗地为重点的农产品主产区农业发展条件好,以保障农产品安全及永续发展为主要目的,森林生态系统也发挥了相应的生态服务功能。

表 4-6 湖北省不同主体功能区单位面积森林生态系统服务功能价值量统计表

主体功能区	单位面积价值量[万元/(hm²·a)]	排序
国家农产品主产区	4.57	3
国家重点开发区	3.88	5
国家重点生态功能区	11.19	1
湖北省重点开发区	4.27	4
湖北省重点生态功能区	8.94	2

表 4-7 湖北省不同主体功能区森林生态系统服务功能价值量分项统计表   单位:亿元/a

服务功能指标	国家农产品主产区	国家重点开发区	国家重点生态功能区	湖北省重点开发区	湖北省重点生态功能区
涵养水源	232.28	16.98	2 921.61	58.26	79.99
固土	44.6	7.31	122.71	13.55	4.72
土壤保持氮	117.23	19.22	322.56	35.6	12.40
土壤保持磷	13.55	2.22	37.28	4.12	1.43
土壤保持钾	94.85	15.55	260.97	28.81	10.04
土壤保持有机质	0.27	0.04	0.74	0.08	0.03
固碳	26.01	5.25	81.70	8.00	3.14
释氧	173.76	35.48	554.94	53.40	21.25
植物积累氮	22.22	4.51	74.93	6.94	2.79
植物积累磷	1.38	0.27	4.67	0.43	0.19
植物积累钾	8.06	1.59	28.08	2.53	0.98
吸收二氧化硫	5.61	0.92	15.44	1.70	0.59
吸收氮氧化物	0.29	0.05	0.80	0.09	0.03

续表 4-7

服务功能指标	国家农产品主产区	国家重点开发区	国家重点生态功能区	湖北省重点开发区	湖北省重点生态功能区
吸收氟化物	0.04	0.01	0.11	0.01	0.00
滞尘	56.34	9.24	155.02	17.11	5.96
提供负离子	1.60	0.26	4.40	0.49	0.17
生物多样性保护	66.13	4.84	835.80	16.57	23.77
森林康养	57.55	4.21	723.91	14.43	19.82
木材供给	5.55	0.41	70.34	1.39	2.41
竹材供给	0.44	0.03	5.59	0.11	0.16
非木材供给	11.15	0.82	140.31	2.80	3.94

第五节 森林生态系统单项服务功能空间分布特征

一、涵养水源

湖北省森林单位面积年涵养水源价值呈现出东、西高，中部低的趋势，并呈现出山地、丘陵地区高于平原地区的特点。单位面积涵养水源价值最高为 5.22 万元/(hm²·a)，最低为 2.17 万元/(hm²·a)。以单位面积涵养水源价值为依据划分为低、较低、中等、较高与高 5 个等级（表 4-8）。

表 4-8 湖北省森林单位面积年涵养水源价值等级划分表

等级	价值量[元/(hm²·a)]	面积(hm²)	平均价值[元/(hm²·a)]
高	45 000~53 000	1 832 407.04	47 904.75
较高	39 000~45 000	2 522 243.87	40 836.94
中等	33 000~39 000	2 000 616.28	35 113.46
较低	27 000~33 000	1 569 356.42	29 432.81
低	21 000~27 000	1 023 571.12	23 143.67

各等级面积分布相对均匀,从低到高占比分别为 11.44%、17.54%、22.36%、28.19%、20.48%。湖北省森林单位面积年涵养水源价值最高的区域主要集中在神农架林区、十堰南部、宜昌西南部、恩施州东南部、咸宁中南部、黄冈东部等地区,低值区域主要集中在随州、荆门等中部地区(图 4-6)。2019 年湖北省森林生态系统涵养水源价值为 3 309.11 亿元,单位面积涵养水源价值为 3.70 万元/(hm²·a),全省单位面积涵养水源价值总体处于中等水平。

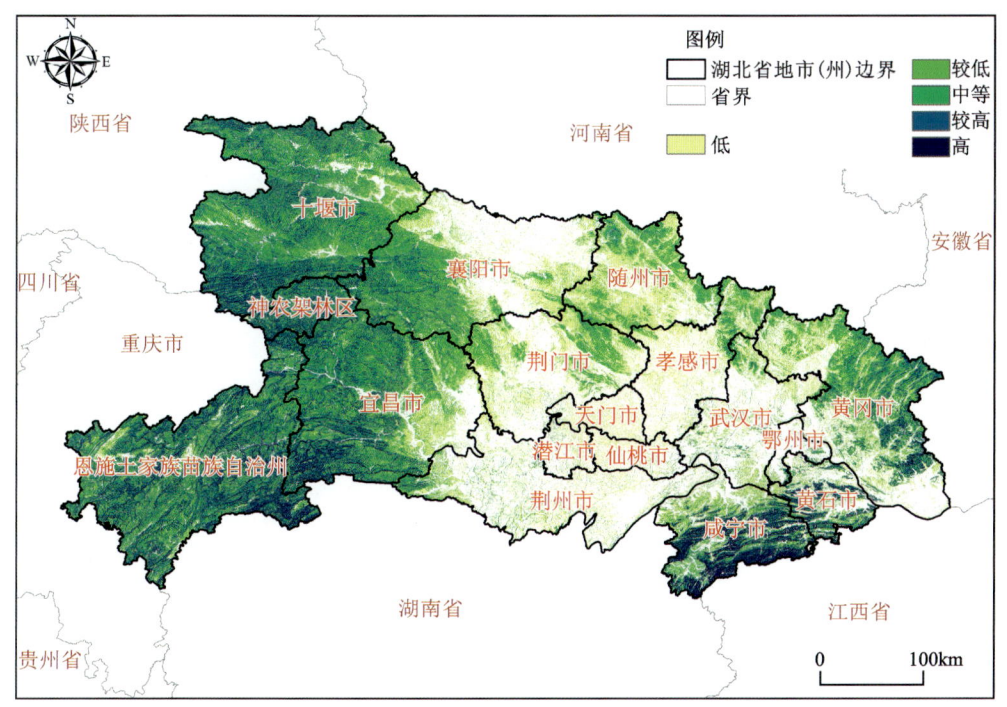

图 4-6 湖北省森林单位面积年涵养水源价值空间分布图

二、保育土壤

湖北省森林单位面积年保育土壤价值呈现出西部最高、东部较高、中部较低的趋势,并呈现出山地、丘陵地区高于平原地区的特点。单位面积保育土壤价值最高为 2.99 万元/(hm²·a),最低为 0.33 万元/(hm²·a)。以单位面积保育土壤价值为依据划分为低、较低、中等、较高与高 5 个等级(表 4-9)。其中"较低"与"低"等级的区域面积占比较大,分别为 16.91% 和 43.56%,"高"等级区域占 20.53%。湖北省森林单位面积年保育土壤价值最高的区域主要集中在神农架林区、十堰中南部、宜昌西南部、恩施州等地区(图 4-7)。2019 年湖北省森林生态系统保育土壤价值为 1 169.88 亿元,单位面积保育土壤价值为 1.31 万元/(hm²·a),全省单位面积保育土壤价值总体处于中等水平。

表 4-9 湖北省森林单位面积年保育土壤价值等级划分表

等级	价值量[元/(hm²·a)]	面积(hm²)	各等级均值[元/(hm²·a)]
高	24 000～30 000	1 869 985.70	28 193.33
较高	18 000～24 000	680 889.53	18 631.37
中等	12 000～18 000	985 992.46	15 663.27
较低	6 000～12 000	1 512 988.43	10 513.27
低	0～6 000	3 897 443.88	5 165.27

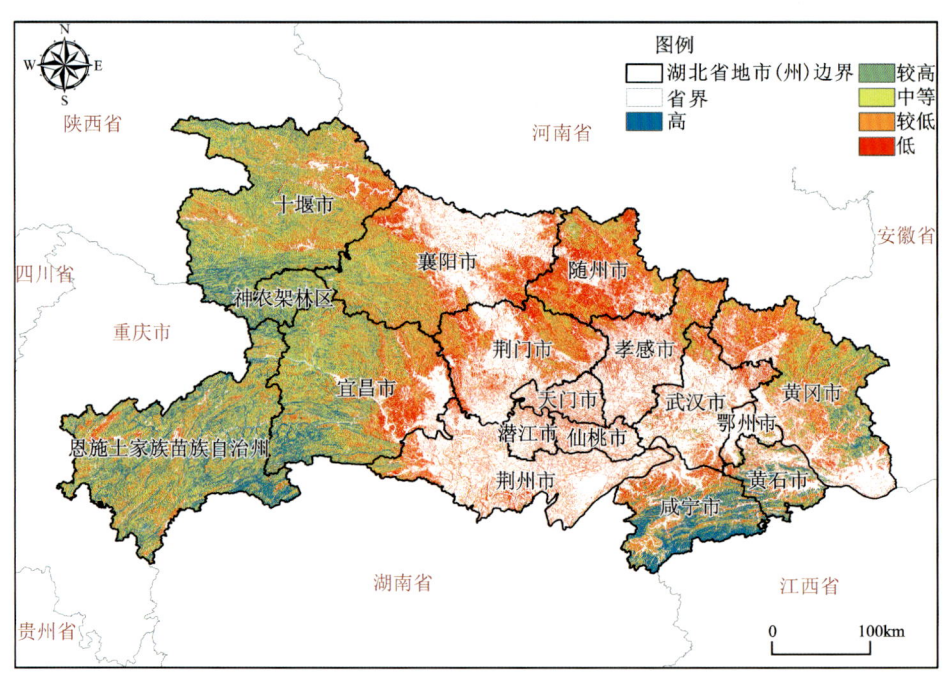

图 4-7 湖北省森林单位面积年保育土壤价值空间分布图

三、固碳释氧

1. 森林固碳

湖北省森林单位面积年固碳价值呈现出西部最高、东部较高、中部较低的趋势，并呈现出山地、丘陵地区高于平原地区的特点。单位面积固碳价值最高为 0.59 万元/(hm²·a)，最低为 0.03 万元/(hm²·a)。以单位面积固碳价值为依据划分为低、较低、中等、较高与高 5

个等级（表 4-10）。其中"较低"与"中等"等级的区域面积占比较大，分别为 48.38% 和 24.49%，"高"等级区域仅占 1.53%。湖北省森林单位面积年固碳价值最高的区域主要集中在神农架林区、十堰中南部、襄阳西南部、宜昌西北部地区（图 4-8）。2019 年湖北省森林生态系统固碳价值为 124.10 亿元，单位面积固碳价值为 0.14 万元/(hm²·a)，全省单位面积固碳价值总体水平仍然较低。有效提升森林质量，使单位面积固碳价值全面提升至较高水平，预计湖北省森林生态系统固碳价值将达到 296.22 亿元/年，单位面积固碳价值为 0.33 万元/(hm²·a)。

表 4-10 湖北省森林单位面积年固碳价值等级划分表

等级	价值量[元/(hm²·a)]	面积(hm²)	各等级均值[元/(hm²·a)]
高	4 000～6 000	136 893.69	4 256.37
较高	3 000～4 000	526 101.24	3 295.66
中等	2 000～3 000	2 191 193.77	2 386.26
较低	1 000～2 000	4 328 703.74	1 265.65
低	0～1 000	1 765 302.29	598.55

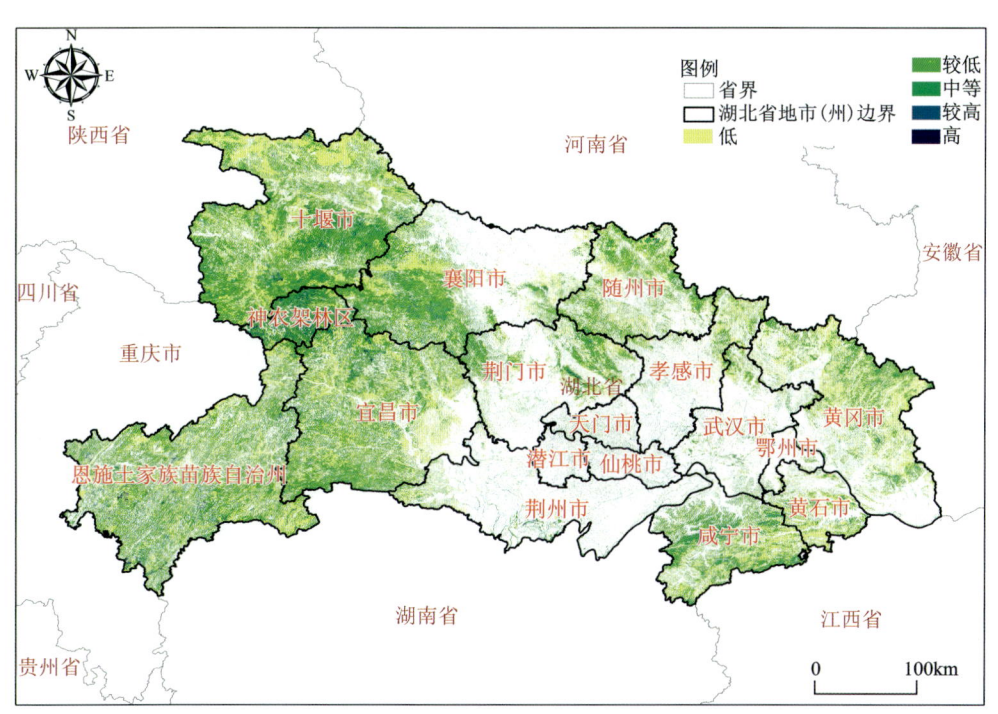

图 4-8 湖北省森林单位面积年固碳价值空间分布图

2. 森林释氧

湖北省森林单位面积年释氧价值呈现出东西高、中部低的趋势,并呈现出山地、丘陵地区高于平原地区的特点。单位面积释氧价值最高为3.09万元/(hm²·a),最低为0.29万元/(hm²·a)。以单位面积年释氧价值为依据划分为低、较低、中等、较高与高5个等级(表4-11)。其中"低""较低"与"中等"等级的区域面积占比较大,分别为23.18%、51.24%和20.87%,"较高"和"高"等级区域仅占4.71%。湖北省森林单位面积年释氧价值高的区域主要集中在神农架林区、十堰市东南、恩施州西南、咸宁市中南部地区(图4-9)。2019年湖北省森林生态系统释氧价值为838.82亿元,单位面积释氧价值为0.93万元/(hm²·a),全省单位面积释氧价值总体水平仍然较低。有效提升森林质量,使单位面积释氧价值全面提升至较高水平,预计湖北省森林生态系统释氧价值将达到1 808.06亿元/年,单位面积释氧价值为2.02万元/(hm²·a)。

表4-11 湖北省森林单位面积年释氧价值等级划分表

等级	价值量[元/(hm²·a)]	面积(hm²)	各等级均值[元/(hm²·a)]
高	≥24 000	68 232.17	26 654.65
较高	18 000~24 000	353 283.64	20 158.31
中等	12 000~18 000	1 867 683.01	14 623.35
较低	6 000~12 000	4 584 383.65	8 856.36
低	0~6 000	2 073 717.52	4 325.69

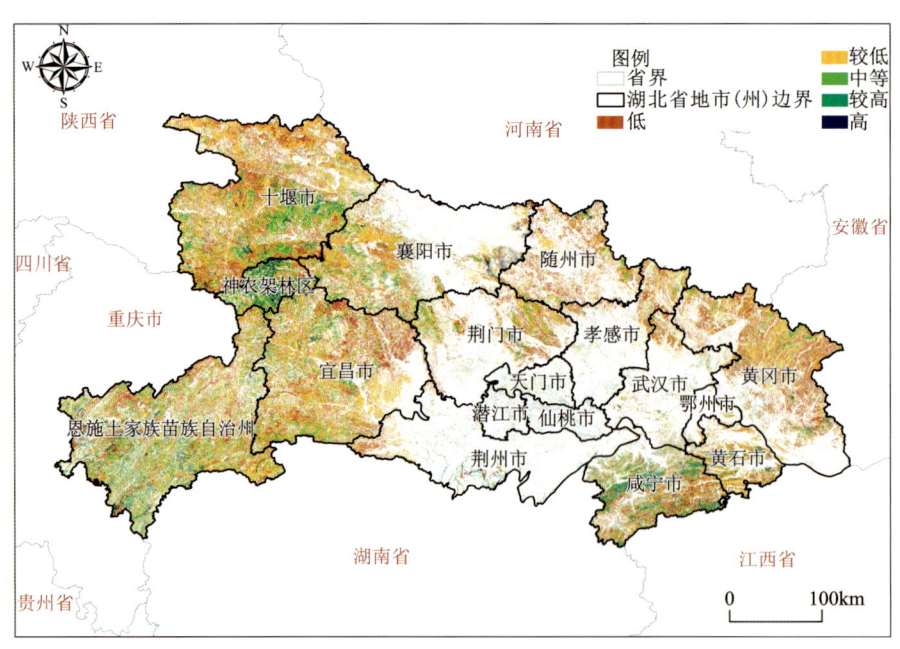

图4-9 湖北省森林单位面积年释氧价值空间分布图

四、林木养分固持

湖北省森林单位面积年林木养分固持价值呈现出西部最高、东部较高、中部较低的趋势,并呈现出山地、丘陵地区高于平原地区的特点。单位面积林木养分固持价值最高为 3 219.65 元/(hm²·a),最低为 218.63 元/(hm²·a)。以单位面积年林木养分固持价值为依据划分为低、较低、中等、较高与高 5 个等级(表 4-12)。其中"高""较高"和"中等"水平的区域面积占比较大,分别为 22.55%、21.51% 和 28.95%,占全省总面积的 73.01%,"低"水平区域仅占 8.11%。湖北省森林单位面积年林木养分固持价值最高的区域主要集中在神农架林区、十堰中南部、襄阳西南部、宜昌西北部地区、恩施州西南部、荆门西部,低水平区域主要集中在十堰北部、湖北省东部及中部地区(图 4-10)。2019 年湖北省森林生态系统林木养分固持价值为 159.57 亿元,单位面积价值为 1 783.44 元/(hm²·a),全省生态系统林木养分固持价值总体水平较高。

表 4-12 湖北省森林单位面积年林木养分固持价值等级划分表

等级	价值量[元/(hm²·a)]	面积(hm²)	各等级均值[元/(hm²·a)]
高	≥2 400	2 017 321.72	2 801.33
较高	1 800~2 400	1 924 553.51	2 231.37
中等	1 200~1 800	2 590 411.67	1 629.33
较低	600~1 200	1 689 464.15	983.21
低	0~600	725 548.94	412.37

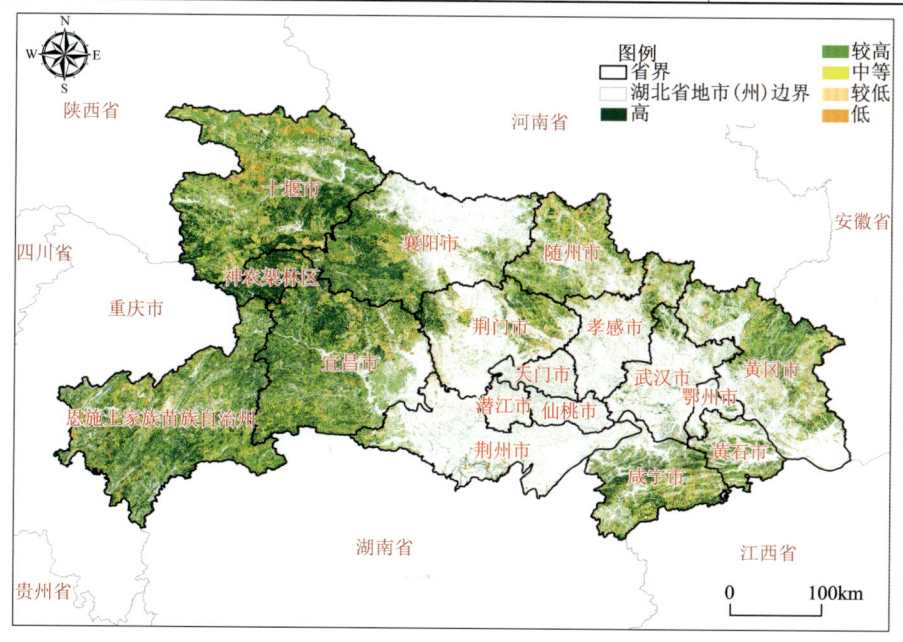

图 4-10 湖北省森林单位面积年林木养分固持价值空间分布图

五、净化大气环境

湖北省森林单位面积年净化大气环境价值呈现出东西部高、中部低的趋势,并呈现出山地、丘陵地区高于平原地区的特点。单位面积净化大气环境价值最高为0.43万元/(hm²·a),最低为0.26万元/(hm²·a)。以单位面积年净化大气环境价值为依据划分为低、较低、中等、较高与高5个等级(表4-13)。其中"中等""较低"水平区域面积占比较大,分别为40.59%、25.60%,"高"水平区域仅占7.19%。湖北省森林单位面积年净化大气环境价值最高的区域主要集中在神农架林区、十堰南部、宜昌西北部地区、恩施州西南部(图4-11)。2019年湖北省森林生态系统净化大气环境价值为270.04亿元,单位面积价值为0.30万元/(hm²·a)。

表4-13 湖北省森林单位面积年净化大气环境价值等级划分表

等级	价值量[元/(hm²·a)]	面积(hm²)	各等级均值[元/(hm²·a)]
高	4 000~4 500	732 783.87	4 220.65
较高	3 500~4 000	1 108 570.47	3 614.32
中等	3 000~3 500	3 837 496.97	3 129.33
较低	2 500~3 000	2 344 192.6	2 609.36
低	2 000~2 500	924 256.09	2 194.36

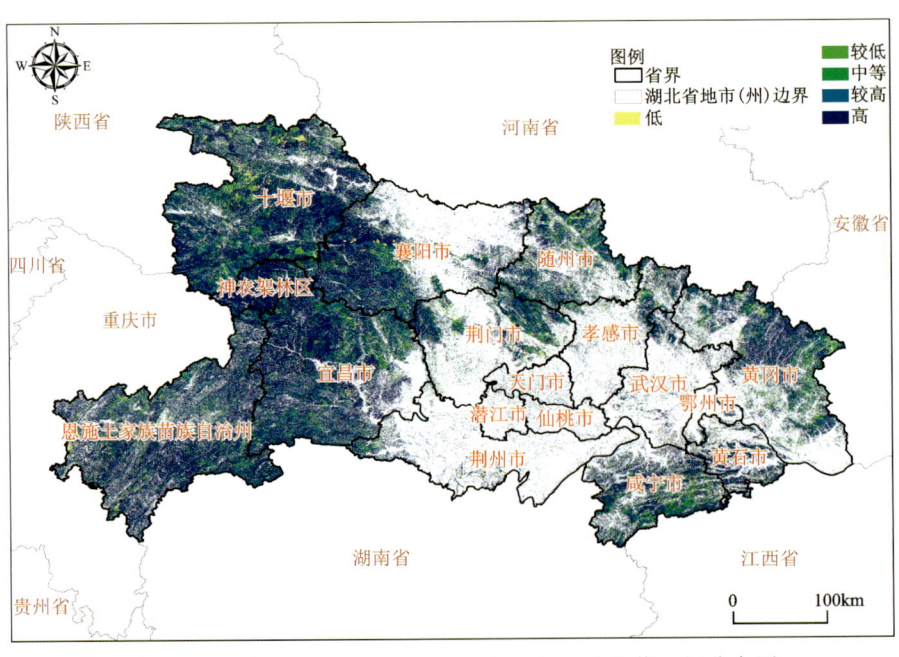

图4-11 湖北省森林单位面积年净化大气环境价值空间分布图

第六节 优势树种(组)森林生态系统服务功能特征

一、优势树种(组)森林生态系统服务功能价值量

湖北省不同优势树种(组)森林类型的生态系统服务功能价值量存在较大差异。其中，硬阔其他、阔叶混类、针阔混类、马尾松类服务功能价值量占比较大，分别为18.93%、16.73%、14.62%、15.73%。冷杉类、柏木类、竹类及经济乔木类价值量相对较低(图4-12)。

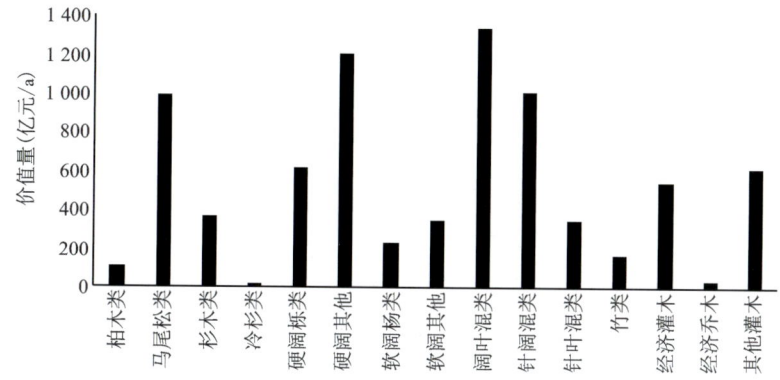

图4-12 湖北省优势树种(组)森林生态系统服务功能价值量

二、优势树种(组)森林生态系统服务功能物质量

湖北省不同优势树种(组)森林类型的生态系统服务功能物质量存在较大差异。其中，马尾松、杉木、硬阔类、混交林服务功能物质量占比较大。各优势树种(组)森林生态系统服务功能物质量详情见表4-14。

三、优势树种(组)单位面积森林生态系统服务功能价值量

湖北省不同优势树种(组)森林类型发挥的生态系统服务功能单位面积价值量也存在较大差异。各森林类型单位面积生态系统服务功能价值量为7.89~9.17万元/hm²，其中冷杉单位面积生态系统服务功能价值量最大，为9.17万元/hm²，其次为软阔杨类(8.80万元/hm²)、硬阔栎类(8.64万元/hm²)，竹类单位面积生态系统服务功能价值量为8.24万元/hm²，马尾松类、经济灌木和其他灌木单位面积生态系统服务功能价值量均较低，在8.00万元/hm²上下波动(图4-13)。

表 4-14 湖北省优势树种(组)森林生态系统服务功能物质量统计表

优势树种	调节水量(亿 m³/a)	固土(百万 t/a)	固碳(万 t/a)	释氧(万 t/a)	林木养分固持(万 t/a)			吸收二氧化硫(万 t/a)	吸收氮氧化物(万 t/a)	吸收氟化物(万 t/a)	滞尘(万 t/a)	提供负离子(×10²³个)
					氮	磷	钾					
柏木类	4.48	8.54	19.71	36.58	0.91	0.06	1.15	1.27	0.07	0.03	215.70	9.18
马尾松类	44.24	84.33	129.05	185.53	8.87	0.59	11.27	12.58	0.65	0.32	2 130.65	90.63
杉木类	14.93	28.46	72.40	139.86	3.13	0.21	3.98	4.25	0.22	0.11	718.98	30.58
冷杉类	0.32	0.61	0.98	1.47	0.10	0.01	0.13	0.09	0.00	0.00	15.30	0.65
硬阔栎类	25.25	48.12	124.42	236.85	5.93	0.40	9.45	7.18	0.37	0.18	1 215.79	51.72
硬阔其他	52.85	100.74	169.81	270.73	10.93	0.73	17.07	15.03	0.78	0.38	2 545.21	108.26
软阔杨类	9.24	17.61	47.43	97.98	2.20	0.15	3.52	2.63	0.14	0.07	444.85	18.92
软阔其他	15.06	28.70	56.59	99.11	2.62	0.17	3.95	4.28	0.22	0.11	725.23	30.85
阔叶混类	55.27	105.35	253.48	486.30	11.07	0.74	17.20	15.72	0.82	0.40	2 661.87	113.23
针阔混类	42.15	80.34	199.09	330.86	9.13	0.61	12.97	11.99	0.62	0.30	2 029.87	86.34
针叶混类	14.18	27.02	67.04	128.24	3.11	0.21	3.94	4.03	0.21	0.10	682.69	29.04
竹类	7.17	13.66	30.83	74.93	0.98	0.06	1.20	2.04	0.11	0.05	345.17	14.68
经济灌木	23.71	45.19	68.99	139.99	2.36	0.16	2.89	6.74	0.35	0.17	1 141.78	48.57
经济乔木	1.24	2.37	3.62	7.34	0.92	0.06	1.68	0.35	0.02	0.01	59.88	2.55
其他灌木	27.24	51.93	79.28	160.87	2.72	0.18	3.32	7.75	0.40	0.20	1 312.04	55.81

表 6-9 湖北省不同森林类型负离子浓度均值

森林类型	负离子浓度（个/cm³）
马尾松林	970
其他针叶林	1 030
栎类林	1 130
其他阔叶林	1 260
针阔混交林	1 400
其他	830

二、天然林保护工程生态系统服务功能价值量

2019 年湖北省天然林保护工程生态系统服务功能价值量为 2 365.78 亿元。从各单项价值量构成上看，涵养水源的价值量为 1 464.90 亿元；固土保肥的价值量为 112.59 亿元，其中固土价值量为 43.92 亿元，防止泥沙淤积价值量为 1.21 亿元，减少土壤肥效损失价值量为 67.46 亿元；固碳释氧的价值量为 411.77 亿元，其中固碳的价值量为 84.71 亿元，释氧价值量为 327.06 亿元；生物多样性保护价值量为 373.50 亿元；提供负离子的净化大气环境价值量为 3.02 亿元（表 6-10）。

表 6-10 湖北省公益林生态系统服务功能价值量构成

生态系统服务功能类别		价值量（亿元）	小计（亿元）	生态系统服务总价值量（亿元）
涵养水源	调节水量	943.75	1 464.90	2 365.78
	净化水质	521.15		
固土保肥	固土	43.92	112.59	
	防止泥沙淤积	1.21		
	保肥	67.46		
固碳释氧	固碳	84.71	411.77	
	释氧	327.06		
生物多样性保护		373.50	373.50	
净化大气环境		3.02	3.02	

第三篇

林业生态服务价值实践与应用

荡、桃花冲等地)的生态恢复及生态旅游产业规划情况,对其未来的生态系统服务价值、生态系统承载力等方面进行预测模拟。

(3)林业重点工程生态系统服务价值评估结果动态展示。对全省过去十年重点开展的"绿满荆楚"和"精准灭荒"等林业生态工程项目评估结果进行全方位展示,包括工程面积分布、造林树种构成等基本信息,并对其分别评估的结果进行分层级单独展示。

第二节 可视化平台总体设计

一、总体架构设计

根据湖北省生态系统服务价值评估应用需求,以林业信息化管理平台总体架构为依据进行规划设计,分为4个层级和2个体系,分别是基础设施层、数据中心层、应用支撑层、业务应用层以及安全保障体系和标准规范体系。

以计算机软硬件和网络通信平台等基础设施为依托,以安全保障体系的运行维护与管理为保障,以标准规范体系为依据,建设以业务流程自动化、信息管理、信息共享和服务为目标的综合管理平台。系统总体架构如图7-1所示。

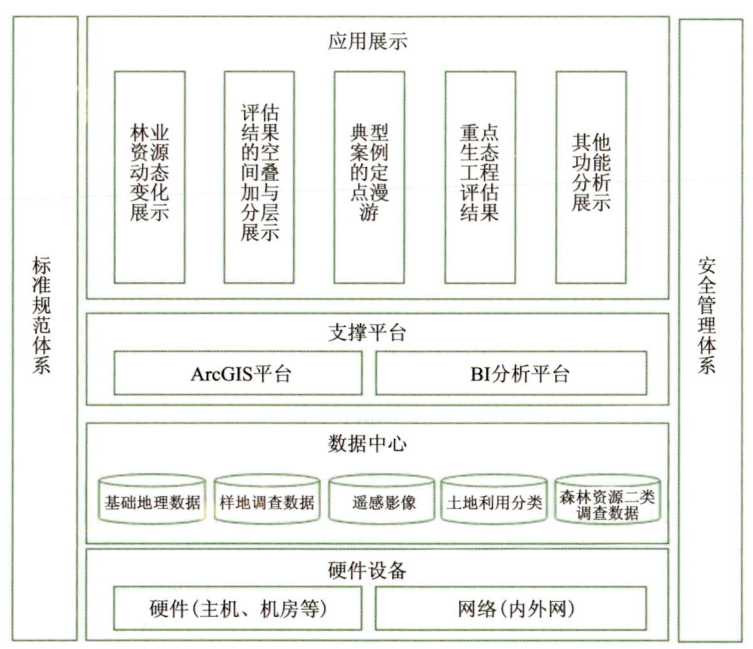

图7-1 可视化平台总体架构

应用展示系统是对全省林业生态数据进行专题展示，主要包括林业资源动态变化展示、评估结果的空间叠加与分层展示、典型案例的定点漫游、重点生态工程评估结果等。

应用支撑层是采用 B/S 的体系框架，采用 ArcGIS 平台及 BI 分析平台为林业数据进行地图与可视分析提供支撑。

基础设施层是为平台的应用提供必要的网络基础环境，提供可靠、有效的信息传输通道，是各类数据信息的最终承载者。在总体框架图中，基础设施层包含了计算机主机、服务器、存储设备以及网络系统安全设施等。

对于整个可视化平台而言，安全管理体系将贯穿始终，为可视化平台建立一个完整的安全体系框架。

二、技术选型

1. 基于 SOA 的整体架构

面向服务的体系结构（SOA）将应用程序的不同功能单元（称为服务）之间接口和契约联系起来。接口采用中立的方式进行定义，独立于实现服务的硬件平台、操作平台和编程语言，使构建在各种这样的平台中的服务以一种统一和通用的方式进行交互。

通过建立 SOA 架构，实现各级部门、各个业务平台的信息服务，不论是旧的还是新的，都能够通过服务的包装，成为"随取即用"的信息技术资产，以服务的形式对外发布，以耦合原则实现共享，构建新的业务流程，对组织中的业务流程进行灵活的重构和优化，增强业务的敏捷性，达到"整合即开发"的目的，实现对业务需求的快速响应。

2. 面向对象的平台分析和设计方法

现行的信息平台以非面向业务设计的居多，多数以面向数据管理为设计出发点，使得平台的智能化、可维护性不高。本系统开发将采用面向对象的设计方法，以平台的核心业务为主线，以相关政策法规为准则，以业务对象为中心，来组织数据和实现其相应的计算机化管理模式，以克服原有的以数据成果管理为核心和以此为基础设计业务实现手段的传统方法所带来的诸多问题。

3. 融合 BI 技术实现综合统计分析

BI 即业务智能，是利用数据提高决策质量的技术集合，也是从大量的数据中获取信息与知识的过程。从技术角度来说，它是一个复杂的技术集合，基本过程可用图 7-2 描述。

把数据通过 ETL（抽取、转换、加载）工具抽取到主题明确的数据仓库中，OLAP（在线分析处理）后生成 Cube 或报表，通过 Portal 展现给用户。用户利用这些经过分类（classification）、聚集（clustering）、描述和可视化（description and visualization）的数据，支持业务决策。

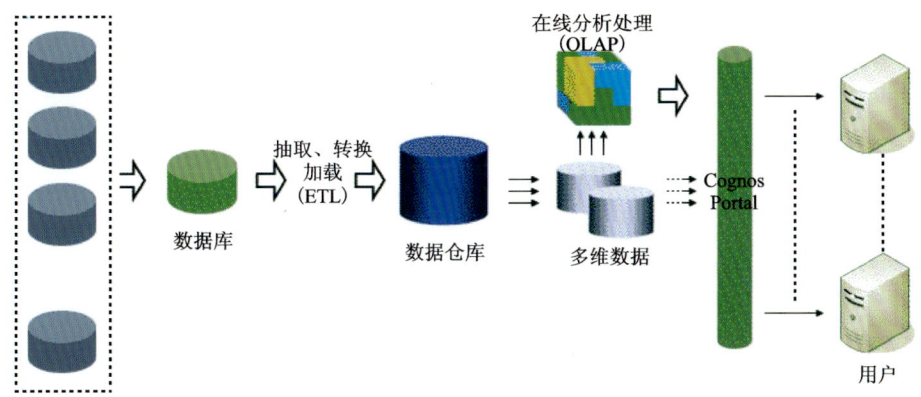

图 7-2　BI 原始数据处理流程示意图

数据查询分析是最简单的 BI 应用,输出报表是 BI 最直接的产物,根据数据连接、加工过程及用途,应用模式大致可以分为 4 种:格式报表、在线分析、数据可视化和数据挖掘。

(1)格式报表:带格式的数据集合,如交叉表等。

(2)在线分析:多维数据集合,如 Cube 等。

(3)数据可视化:信息以尽可能多的形式展现出来,目的是使决策者通过图形这种直观的表现方式迅速获得信息中蕴藏的知识,如柱状图、仪表盘等。

(4)数据挖掘:从大量的数据中,抽取出潜在的、有价值的知识(模型或规则)的过程。

4. 多种形式的二次开发接口

考虑该可视化平台将与省、市各级林业系统对接集成,系统平台在设计上充分考虑平台的通用性、扩展性,针对不同层次的自适应、自扩展需求,平台提供多种形式的二次开发接口和平台扩展工具,保证与其他平台的接口和自身扩展需要。

5. 标准化、开放的数据结构设计

数据库标准是平台间衔接、信息共享的基础。系统平台的数据标准要严格遵循现有的国家标准和林业行业的标准,优先采用国家或行业已有标准,在标准缺位的情况下,按照"急用先行"的原则,加快急需标准的制定和应用。

数据结构设计的开放性,可以使平台不断适应各种标准的变化发展和新标准的出台。为了保证平台的数据结构可以适应国家标准、行业标准的发展变化和实现与其他系统平台的数据共享,一方面通过工作流定制平台的数据结构定义工具,提供数据结构和数据字典的编辑、扩充工具,使平台使用的标准编码体系可以通过非常简洁的方式不断修订、不断扩充、不断升级,不断适应各种标准的发展变化;另一方面,可以根据数据交换接口的标准和要求,定义出符合交换要求的数据结构。

三、可视化展示系统设计

可视化平台提供的功能包括二维可视化、三维可视化、信息图表可视化、联动分析（包括二/三维之间、二/三维与信息图表之间的联动分析），以及动态信息展示、探索分析和模板应用。具体功能设计如图 7-3 所示。

图 7-3　可视化功能模块示意图

（一）信息图表可视化

可视化平台提供信息图表可视化功能，对接入系统的数据服务和标准数据文件进行图表可视化展示。通过向导方式，引导用户使用可视化平台。提供图表视图，支持对图表视图的功能操作。具体功能包括添加数据、配置图表、图表交互、图表保存、导出图片等。支持的图表主要包括如下几种类型。

1. 折线图（区域图）

折线图是用点和线组成的统计图表，常用来对比不同对象随时间间隔或有序类别的变化，如标准折线图。标准面积图的原理和标准折线图类似，其不同之处在于折线与横坐标轴之间的区域会由纹理或颜色填充。

2. 柱状图（条状图）

柱状图适用于对比分类数据，可展示多个对象在不同类别的数值对比。该图有 4 种常见类型：标准柱状图，横坐标轴表示统计类别，纵坐标轴表示数值；堆积柱状图，在各统计类别里多个对象的柱状图有序叠加堆积在一起，常用来分析数据的占比、趋势、分布等；标准条形图，是标准柱状图的横纵坐标轴互换；堆积条形图，是堆积柱状图的横纵坐标轴互换。

3. 散点图（气泡图）

标准散点图是指数据点在直角坐标平面上的分布图。通过考察数据点的分布情况，可判断横、纵坐标轴所代表的变量是否存在相关性。标准气泡图比标准散点图多一个变量，即气泡的大小，通常用来表示和比较数据之间的关系和分布。气泡图还可与时间轴结合，用来展示数据量和分布随时间的变化情况。

4. 趋势图

趋势图用来呈现研究对象的发展趋势。以测得的数值为纵坐标轴，以时间为横坐标轴，绘成图形，它能显示一定时间间隔（例如一天、一个月或一年）内所得到的测量结果变化情况。常见的类型有标准 K 线图、K 线图。

5. 饼图（环形图）

饼图（环形图）用来表示不同种类在总体中的占比。每个种类用一个扇形（圆环）表示，弧长（以及圆心角和面积）越大，代表该种类占比越大。该图有 3 种常见类型，即标准饼图、标准环形图和环形图。

6. 雷达图

雷达图从同一中心开始，等角度间隔向外射出 3 个以上的轴，每个轴代表一个变量。将研究对象在每个轴上的数值用折线连接起来，如标准雷达图，可进行变量对比。如果将折线连接形成的多边形填充颜色，则成为标准填充雷达图。

7. 网络图

网络图主要由节点、连接线构成。节点可表示不用的对象、事件等，用线连接不同的节点来表示其关联，或为双向交互，或为单向传递。网络图常用来制作权益关联图谱、人员层级管理图谱、种系进化图谱等，常见的形式有简单关系网络和树状关系网络。

8. 仪表盘

仪表盘是单一变量图，类似于汽车仪表盘，用单一指针指向变量值。因其简单直观，常用来表现按等级划分的数据类型，如灾情的严重程度、事件的紧急程度等。

9. 混搭图表

混搭图表可含有两种不同类型的图表，通常包含两个纵坐标轴，统计对象在多个变量下的数值变化情况，从而反映不同变量间的相关性，如折柱混搭图、折线散点混搭图、折线 K 线混搭图和柱状饼混搭图。

（二）可视化图表联动

可视化平台支持图、表、文的混排功能和可视化图表联动，能够根据业务需求或用户的喜好进行排版展示，满足业务需求的可视化应用，如图 7-4 所示。

图 7-4　可视化图表排版样例

在分析某个数据时可以根据业务或者用户的喜好通过不同的图表控件进行展示，通过多维度的分析全方位展示数据。当前支持的图表控件有文字控件、文本编辑、按钮、下拉框、单选框、复选框、上传组件、时间组件、矩形组件、开关组件、超链接组件、树组件、表单容器、Tab 容器、查询容器、图片、菜单、行布局、状态设置、列布局、iframe 容器、胶片容器、线条等，样式丰富，且支持自定义扩展。部分 WEB 组件的功能介绍如表 7-1 所示。

表 7-1　部分 WEB 组件说明表

组件名称	组件描述
文字控件	用于在页面中展示文本，并且该文本是可编辑的。用于显示文本类信息，可以调整文字颜色、大小等样式属性
图片	导入本地图片在画布中进行显示，支持调整图片的大小
矩形	在画布中创建一个矩形边框，可以调整边线粗细、颜色等
线条	在画布中创建一条直线，可以调整线条粗细、颜色、虚实等
超链接	超链接控件，可链接到其他页面
文本编辑	单行文本输入控件，可以调整文字大小、字体粗细、对齐方式等
下拉框	下拉控件，可以自定义下拉选项值，也可以从模型中取值
按钮	基础按钮控件
单选框	单选组件，可以自定义选项值，也可以从模型中取值
复选框	复选组件，可以自定义选项值，也可以从模型中取值
开关	开关组件，输出一个布尔值，用于在事件中对其他事物进行控制

续表 7-1

组件名称	组件描述
时间组件	时间日期控件,可以设置单值和区间模型,可以控制日期的粒度,支持日期显示格式自定义
树组件	用于菜单生成和带层级的数据呈现,允许用户模糊检索
容器组件	基础容器,可以在容器中放置其余基础组件
Tab 容器	可以在不同的 Tab 中放置不同的组件
胶片容器	用来制作橱窗选择效果
查询容器	可以将文本框、时间、单选、复选等基础组件拖入查询容器内,由容器统一为各查询组件绑定查询的模型字段,在运行的时候,提供记录查询条件的功能
查询组件	可以自动获取页面中的图表所用的模型信息,并由用户根据模型的字段,自定义查询条件,无需单独进行数据绑定或者事件设置即可完成筛选查询
iframe 组件	作为页面内部框架使用,可以在框架内打开内部或者外部链接,并且可以传参
视频组件	提供视频播放能力,可以播放服务器本地视频,也可以播放远程地址中的视频文件
多行文本框	多行文本编辑控件,允许用户对大量文本进行编辑,可以调整文字大小、字体粗细、对齐方式等
文本段落	用于多行文本显示,不能编辑修改
进度条	适用于展示单个百分比类数值,如进度、完成量等
水球图	适用于展示单个百分比类数值,如进度、完成量等,展示形式和进度条有区别
日历组件	日期显示控件,并且支持绑定业务数据,适用于展示如出勤率一类的数据

(三)联动分析

可视化平台提供联动分析功能,支持二维地图之间、三维地图之间、二/三维地图之间、信息图表之间、二/三维地图与信息图表之间的联动分析。用户可以创建联动分析视图,接入不同的可视化视图,如 WebMap、WebScene、TableView。在联动分析视图中,支持各类视图的添加和关闭,支持不同视图内容的联动分析,如图 7-5 所示。

1. 信息图表之间联动分析

提供信息图表之间的对比,用于表达不同维度的数据内容,可以同步进行数据的过滤(图 7-6)。

2. 二/三维地图与信息图表之间联动分析

提供二/三维地图与信息图表之间的联动分析,用于表达不同维度的数据信息,可以同步进行数据的过滤(图 7-7)。

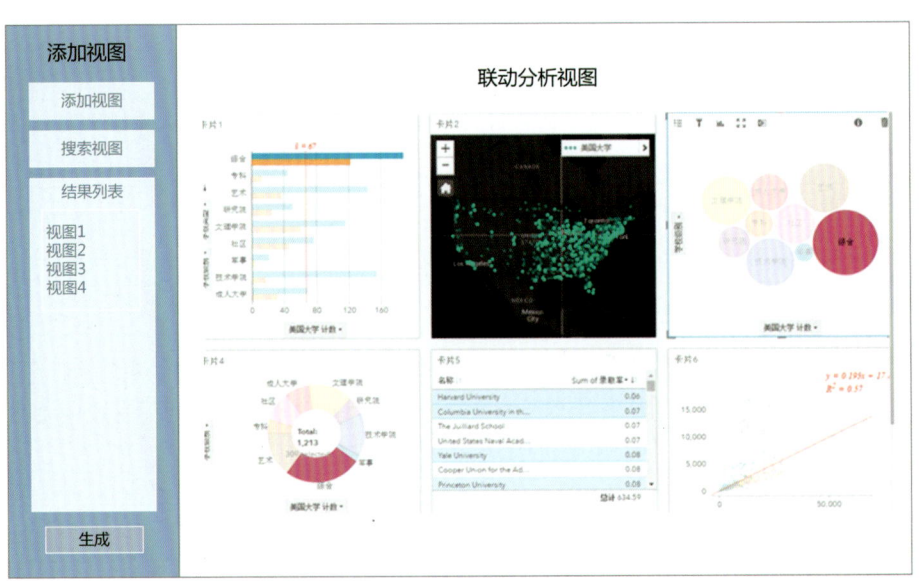

图 7-5 联动分析视图模板

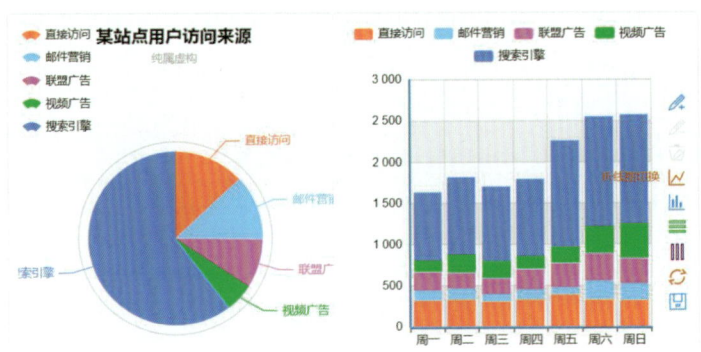

图 7-6 饼图和柱状图间的联动

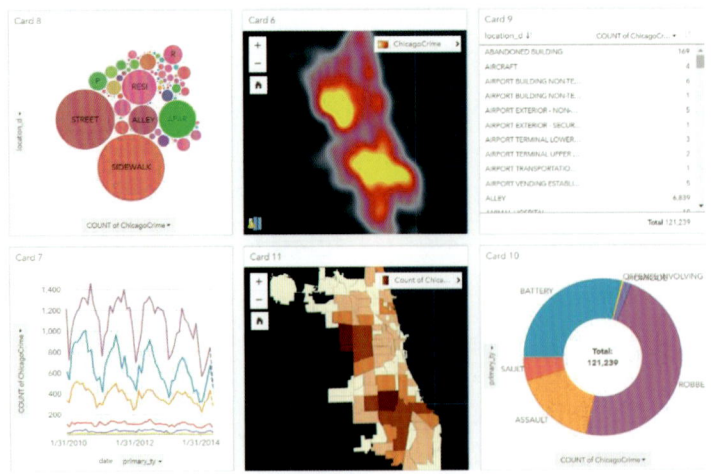

图 7-7 二/三维地图与信息图表的联动

6. 产业发展

从资源结构、产业现状、地理位置等方面分析,苏马荡林业产业的优势集中在森林资源、森林旅游、特色林产品、野生动物驯养繁殖等方面。区域内第一、二、三产业结构比为27.39∶27.42∶45.19,其中第三产业中的交通运输、住宿、餐饮、房地产业和其他服务业增加值最显著。

二、桃花冲小流域概况

桃花冲林场位于湖北省英山县东北隅,始建于1961年,由湖北省林业局投资兴建,属正科级事业单位,经费自收自支,由英山县林业局管理,下辖一个营林村。经营面积2 862.4hm²,活立木蓄积35.8万m³,正式职工187人,林农198户680人。林场于1996年申报为省级森林公园,2004年12月升级为国家级森林公园,2009年2月被湖北省人民政府批准为省级自然保护区,2010年被国家旅游局授予AAAA级旅游风景区。桃花冲目前是林场、森林公园、自然保护区、旅游风景区四块牌子、一套班子管理。

1. 地理位置

桃花冲林场地处鄂东大别山腹地,位于北纬30°57′30″—31°00′56″,东经116°00′02″—116°03′56″,北与安徽霍山县交界,东与安徽岳西县接壤,南抵英山县占河乡界,西接草盘镇界。土地总面积2 862.4hm²,林业用地2 815.8hm²,林木蓄积量358 261m³,森林覆盖率96%。

2. 地形地貌

桃花冲林场山体构造较为复杂,属淮阳山字型构造体系的脊柱,是秦岭褶皱山系向东延伸的桐柏-大别复背斜。受大别-吕梁运动、印支运动、燕山运动的影响,境内受北东向褶皱和断裂控制,形成弧形地带,地壳皱褶强烈,挤压、推覆、隆升成山,拉分、走滑、断错成谷的破碎构造较多。地势为北高南低,依次出现中山、低山,海拔自550m升到1 698m,相对高差较大,以中原山岳地貌为主要特征。地势起伏较大,四周高,中间低,山峦叠嶂,曲径通幽,土壤肥沃,绿水淙淙。全林场三条水系汇集在一起,由一个出口流入西部红花水库。

3. 气候条件

桃花冲林场属于北亚热带季风气候,四季分明,雨热同期,年平均气温11.7℃,7月平均气温23.7℃,1月平均气温−1℃,极端最高气温33℃,极端最低气温−15℃,年平均无霜期211d,年降水量1 533.5mm,相对空气湿度78%,日照时数1 828h,日照百分率41%,年蒸发量1 100mm,干燥度0.56,10℃及以上的活动积温3 996℃。冬季盛行东北风,平均风速3.7m/s,夏季盛行西南风,平均风速4.1m/s,瞬间风速最高可达35m/s,12级以上的大风每两年可能发生 1 次,8~9 级风每年可能发生 1~3 次,以夏季居多。年平均暴雨日数 5.7d,主要在 5—8 月。雾凇、雨凇年发生率 87%,主要发生在 12 月至次年 2 月。雪灾、干旱、龙卷风等灾害天气时有发生,但危害不大。

4. 土壤条件

土壤为黄棕壤。随着地貌、海拔、气候等自然因素的变化,出现土壤垂直分布规律:海拔 800m 以下为黄棕壤,以沙泥土为主,呈酸性或微酸性;海拔 800~1 200m 为山地黄棕壤,为山地沙泥土,呈酸性;海拔 1 200m 以上为山地棕壤,呈酸性。

5. 水文条件

桃花冲林场境内无客水流经,水资源全由大气降水产生。林场平均河床坡降为 27.9‰,流速随坡降不同而异,平均年径流深为 972mm,年总径流量为 1.22 亿 m^3,平均流速为 3.53m^3/s。林场水量充沛,河道陡峻,落差较大,蕴藏着较丰富的水能资源。

6. 森林资源

桃花冲林场动植物资源十分丰富。林场处于江淮分水岭,境内森林茂密,保存有 600hm^2 原始次生林。森林植被特点突出,植物种类丰富多样,囊括了大别山区所有的生物物种和植被类型,保存有维管束植物 2 000 多种。森林群落中分布有一大批古老孑遗植物和珍稀物种,如大别山五针松、金钱松、银杏、水杉、香果、青檀、天女花、鹅掌楸等。森林植被现状具备以下垂直分布特征:海拔 1600m 以上为山顶矮林或黄山松、杜鹃、泡树等;海拔 1 200m 以上为高山、远山区,主要是天然次生林,为栎类和黄山松组成的针阔混交林,黄山松在区内多为集中分布,且组成较大面积纯林,下木为杜鹃、悬钩子等,草木以野青茅为主;海拔 1 200m 以下主要为人工杉木、黄山松等条块状分布的纯林或混交林及部分天然栎类次生林。主要乔木为杉木、黄山松、栎类等,下木以山胡椒、杜鹃等众小乔木或灌木为主,草本以白茅、蕨类等为主。

7. 产业发展

英山县桃花冲以不断丰富生态旅游业内涵为核心、以保护和改善生态环境为根本、以实现资源的合理开发和永续利用为重点,较好地解决了产业转型和环境保护方面的问题。坚持林业建设同改善生态环境、发展地方经济、增加群众收入相结合的方针,不断深化林业改革,加快森林培育,发展林特产业,较好地实现了大地增绿、林业增效、农民增收的显著成效。全县共完成工程造林 3.6 万亩,封山育林 2 万亩,总完成率 137%,以茶、桑、栗、药为主的经济林面积已突破 60 万亩,林特产业收入占农村经济总收入的比重达 84.7%。

第二节　典型小流域森林生态系统服务价值与承载力评估模型建立

一、技术路线

森林生态系统服务是指森林生态系统通过其结构、过程以及功能为人类直接或间接提供的产品和服务，包括涵养水源、保育土壤、固碳释氧、净化环境、保护生物多样性、文化美学等多种重要的生态功能。根据项目的实施目标，对典型案例地区（苏马荡、桃花冲）进行调查，并查阅当地相关社会资料，进行两个典型区域的森林生态系统服务功能价值评估具体实施方案的设计以及完成价值核算。在此基础上，依据研究区域实际情况，构建两个典型案例地区生态系统承载力与价值量模型，并对相应指标进行筛选与确定，建立生态系统承载力分析指标体系。最后根据两个典型案例地区生态系统承载力的可能预期评价结果，结合等间距法、专家法和线性加权求和法并参考相关研究资料，进行两个典型案例地区森林生态系统承载力等级分级，并进一步厘清产业发展过程与关键生态承载限制因素或生态阈值指标之间的复杂反馈机制，最终提出生态系统承载力与康养旅游产业协同发展策略。

二、森林生态系统服务功能价值评估模型的建立

依托 2019 年全省森林资源二类调查数据，根据分布式测算评估方法与 2020 年发布的国家标准《森林生态系统服务功能评估规范》（GB/T 38582—2020），并结合区域森林资源特点，确定评估指标及指标体系，对两个典型区域的森林生态系统服务功能价值进行评估。

1. 评估方法

根据分布式测算，将典型区域依据地理位置划分为两个一级测算单元，每个一级测算单元根据森林类型划分成四个二级测算单元，即针叶林、针阔混交林、阔叶林、灌木林；每个二级测算单元按照林龄组划分为幼龄林、中龄林、近成过熟林三个三级测算单元（图 8-1）。

基于两个典型区域森林生态系统尺度的定位实测数据，运用模型模拟等技术手段，进行由点到面的数据尺度转换，将点上实测数据转换至面上测算数据，得到各区域森林生态系统服务评估单元的测算数据。

2. 评价指标体系

本次评估指标体系的主要依据是 2020 年发布的国家标准《森林生态系统服务功能评估

规范》(GB/T 38582—2020),并结合区域森林资源特点对相关指标进行了适当增减和调整,确定的主要指标如图 8-2 所示。

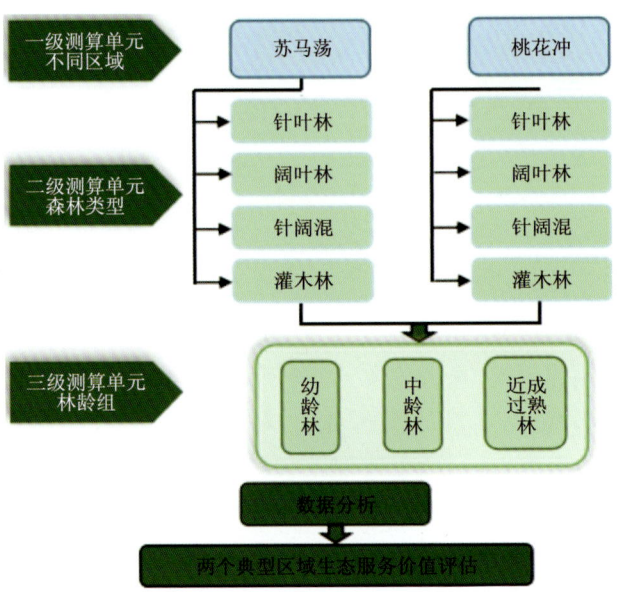

图 8-1 森林生态系统服务功能评估分布式测算方法

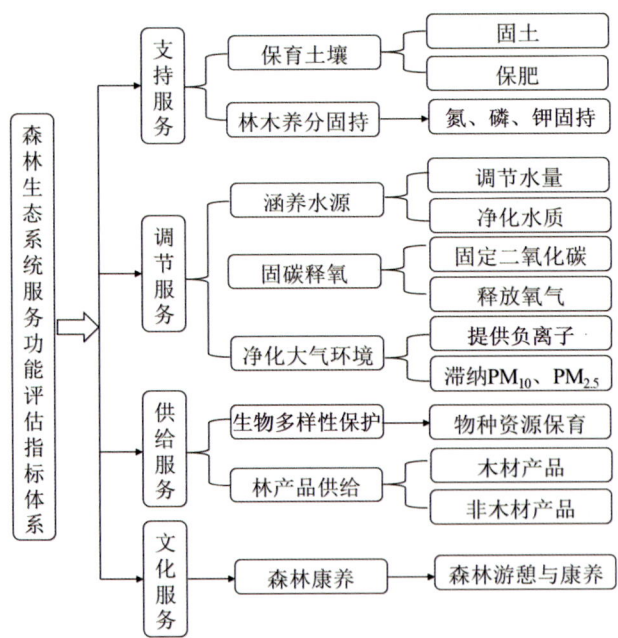

图 8-2 森林生态系统服务功能评估指标体系

3. 数据来源

本次评估的数据来源主要包括以下几个部分:

续表 8-3

目标层	准则层	指标层	具体指标	计算方法	属性
森林生态系统承载力	社会压力指标	一般压力	旅游年总人次	统计年鉴	—
			旅游对生态环境的影响指数	垃圾、践踏、折枝等的影响	—
			住宿接待率	住宿接待人次/住宿接待能力×100%	—
			餐饮接待率	餐饮接待人次/餐饮接待能力×100%	—
			游客满意度	调查问卷、赋值打分	—
			旅游压力指数	区域实际人口数量×(旅游资源实有量/资源人均标准占有量)	—
		行为压力	污水排放量	统计年鉴	—
			SO_2 排放度	统计年鉴 SO_2 排放量/区域面积	—
			水土流失强度	水土流失面积/区域面积	—
	生态系统响应指标	人类维护指标	封山育林指数	封山育林面积/森林面积	+
			人工造林指数	人工造林面积/森林面积	+
			居民环保意识	调查问卷	+
		经济、政策投入	政策支持引导	社会资料	+
			生态旅游年投入总额	社会资料	+

4. 数据来源与处理

1) 数据来源

数据来源如图 8-5 所示。

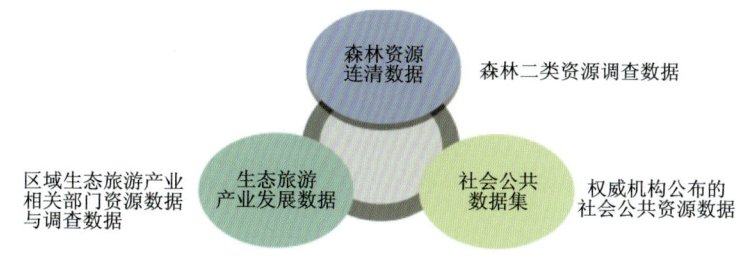

图 8-5 森林生态系统承载力数据来源

2)数据标准化

(1)设有 m 个样本数,每个样本有 n 个评估指标(本方案有 20 个指标),构造判断矩阵:

$$\mathbf{X} = (x_{ij})_{m \times n} \quad (i=1,2,\cdots,m; j=1,2,\cdots,n) \tag{8-1}$$

(2)对判断矩阵数据进行标准化处理。正向指标与负向指标的标准化公式分别为

$$y_{ij} = \frac{x_{ij} - x_{\min}}{x_{\max} - x_{\min}} \tag{8-2}$$

$$y_{ij} = \frac{x_{\max} - x_{ij}}{x_{\max} - x_{\min}} \tag{8-3}$$

式中:$x_{\max}$、$x_{\min}$ 分别为第 j 个指标的最大值与最小值;x_{ij} 为第 i 个样本第 j 个指标的实际值;y_{ij} 为第 i 个样本第 j 个指标的标准化值。

3)第 j 个指标的信息熵(熵值法)计算

$$H_j = -\frac{\sum_{i=1}^{m} Y_{ij} \ln Y_{ij}}{\ln m} \tag{8-4}$$

式中:$Y_{ij} = \dfrac{y_{ij}}{\sum_{i=1}^{n} y_{ij}}$,$i=1,2,\cdots,n$;$H_j$ 为第 j 个指标的信息熵。

4)指标 j 的权重计算

根据各要素对区域森林生态系统承载力起到的作用不同,赋予其不同的权重,本方案采用主客观组合赋权的方法,通过德尔菲法与熵值法分别计算指标权重,在吸纳专家经验和建议的同时,结合数据本身的属性,从而尽量避免两种方法的缺点,充分发挥其优势,计算其组合权重。具体的实现过程如下:①在环境科学与生态学领域邀请 10 位专家进行首轮打分,对分数进行统计分析,采访部分专家听取其意见和建议。将首轮专家打分的统计分析结果整理出详细报告,再次征询专家意见并依据反馈报告修改意见,经过若干轮反馈,专家意见逐渐趋向统一。②计算权重。计算专家对各指标赋分的平均值,再对其进行归一化处理,具体计算过程如下:

$$d_j = \frac{x_{1j} + x_{2j} + x_{3j} + x_{4j} + x_{5j} + x_{6j} + x_{7j} + x_{8j} + x_{9j} + x_{10j}}{10} \tag{8-5}$$

$$w_j = \frac{d_j}{\sum_{j=1}^{n} d_j} \tag{8-6}$$

式中:d_j 为 10 位专家对第 j 个指标赋分的平均值;x_{1j} 为第 1 位专家对第 j 个指标所赋分值;w_j 为第 j 个指标的权重;n 为评估指标个数。

本方案结合上述两种方法,通过组合权重的计算方法,保证指标权重的主观性与客观性,计算方法如下:

$$w_j^* = \alpha w_{jm} + (1-\alpha) w_{jn} \tag{8-7}$$

式中:组合权重为 w_j^*;熵值法所赋权重为 w_{jm};德尔菲法所赋权重为 w_{jn};α 为熵值法权重占组合权重的比例;$(1-\alpha)$ 为德尔菲法权重占组合权重的比例。最佳的组合权重结果是主

观权重和客观权重各占 50%，即本方案中 α＝0.5。

5. 森林生态系统承载力等级分析

利用等间距法、专家法和线性加权求和法并参考相关研究成果，将计算结果取值范围（待定，取值一般为 0～1）分成 5 个等级，从低到高对应重度超载区、中度超载区、轻度超载区、适度可载区、可载区 5 个水平（表 8-4）。等级越高表示森林生态系统稳定程度越高，资源和生态系统承载能力越强，社会和经济协调性越好。

表 8-4 森林生态系统承载力等级

等级	森林生态系统承载力状况	特征
1	重度超载	森林生态系统严重超载，不能维持生态系统发展，生态系统处于崩溃边缘
2	中度超载	森林生态系统超载，森林功能开始退化，森林生态系统已经处于不稳定状态
3	轻度超载	森林生态系统轻度超载，可以发挥基本的森林生态功能
4	适度可载	森林生态系统适度可载，整体处于较稳定状态
5	可载	森林生态系统可载，整体处于稳定状态

6. 森林生态系统承载力影响因素分析

（1）贡献度判断。为具体分析引起森林生态系统承载力变化的原因，进一步厘清产业发展过程与关键生态系统承载力限制因素或生态阈值指标之间的复杂反馈机制，引入"贡献度"。所谓"贡献度"，就是指不同因素层指标的承载力占综合承载力的百分比，可用于分析导致承载力满载或超载的具体因素。因素层的指标贡献度越大，对生态系统承载力的促进作用越大；反之，对生态系统承载力有抑制性作用。公式如下：

$$\mathrm{EC}_k = \sqrt{\sum_{j=1}^{n,m,k} W_{1j} B_{1jg}^2} \tag{8-8}$$

$$R_k = \left(\frac{\mathrm{EC}_k}{\mathrm{EC}}\right)^2 \times 100\% \tag{8-9}$$

式中：B_{1jg} 表示第 j 个指标的值；n 表示因素层中具体指标的个数；EC_k 表示因素层指标的承载力；R_k 表示因素层指标对生态系统承载力的贡献度。

（2）相关与因子分析。本方案通过相关分析，探究森林生态系统承载力与因素层指标间的依赖性，分析影响生态系统承载力的关键因素。在进行相关性检验的基础上，对指标层的 24 个指标进行因子分析，进一步验证结果的准确性，从而反映变量对于总体的重要性。

第三节 典型小流域森林生态系统服务价值评估结果

森林生态系统在"山水林田湖草"生命共同体中占据着重要地位,作为陆地上最大的基因库、碳储库、蓄水库和能源库,具有涵养水源、保育土壤、固碳释氧、净化大气环境、生物多样性保护、森林游憩和防护等多项生态系统服务功能,不仅可为人类提供生存所必需的重要资源,还可为人类创造诸多福祉,对维护和改善区域生态平衡至关重要。

本节对苏马荡风景区(图8-6a)、桃花冲风景区(图8-6b)进行森林生态系统服务价值评估,综合社会、经济、自然等多方面影响因素,从涵养水源价值、保育土壤价值、固碳释氧价值、林木养分固持价值、净化大气环境价值、生物多样性保护价值、森林游憩价值7个方面进行了科学评估。评估结果以直观的形式展示了两个典型区域森林生态系统为人们提供的服务价值,客观地反映了两个典型区域森林生态系统服务功能状况和林业生态建设与保护成效。评估结果对于提升森林经营管理水平,改善生态效益,科学量化补偿和生态GDP核算体系的构建,进而推进湖北省林业森林、生态、经济社会三大效益统一的科学发展道路,为实现习近平总书记提出的林业工作"三增长"目标提供了科学技术支撑,并对推进生态文明建设、全面建成小康社会、实现中华民族伟大复兴的中国梦,不断创造更好的生态条件提供了科学依据。

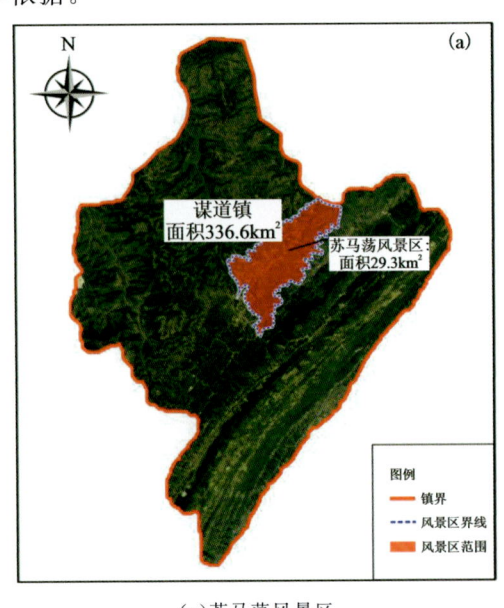

(a)苏马荡风景区　　　　　(b)桃花冲风景区

图8-6　典型区域所在地理位置示意图

一、苏马荡森林生态系统服务价值评估

1. 涵养水源

涵养水源是森林生态系统的一项重要生态服务功能,主要表现为对降雨的再分配过程,即森林的林冠层、枯枝落叶层和地下土壤层等通过拦截、吸收、蓄积降水,涵养大量水源。涵养水源价值由调节水量物质量、调节水量价值和净化水质价值 3 个因子组成。由图 8-7 可知,针阔混交林的调节水量物质量比针叶林高了 369.77%;针叶林中马尾松的调节水量物质量最高,达到 425.59 万 m^3/a,其次是柳杉(58.62 万 m^3/a),杉木和日本落叶松的调节水量物质量差异很小。由图 8-8 可知,调节水量价值和净化水质价值的总体规律是:针阔混交林高于针叶林,针叶林中以马尾松最高,达 4 166.02 万元/a,再由高到低是柳杉 573.96 万元/a、日本落叶松 415.71 万元/a、杉木 408.98 万元/a。针叶林比针阔混交林调节水量价值和净化水质价值少了 78.71%、78.71%,说明针阔混交林涵养水源价值明显高于针叶林(图 8-8)。

一般而言,建设水利设施用以拦截水流、增加储备,是人们采用最多的工程方法,但是建设水利等基础设施存在许多缺点,例如占用大量的土地,改变了土地利用方式,水利等基础设施存在使用年限等。因此,森林生态系统就像一个绿色安全永久的水利设施,只要不遭到破坏,其涵养水源功能是持续增长的,同时还能提高其他方面的生态功能,例如防止水土流失、吸收二氧化碳、保护生物多样性等。

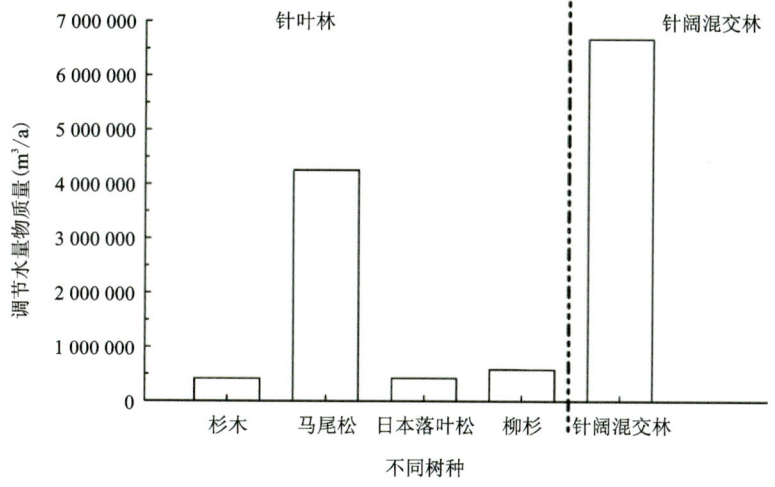

图 8-7 苏马荡不同树种调节水量物质量

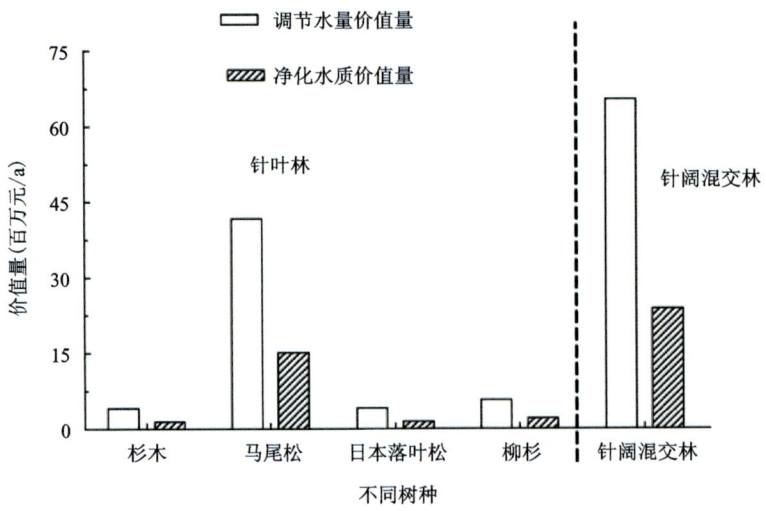

图 8-8　苏马荡不同树种调节水量和净化水质价值量

2. 保育土壤

土壤和水是人类赖以生存的自然资源,是社会物质生产的基础。水土流失是当今中国的主要环境问题之一,森林保育土壤的功能对有效防止土壤侵蚀具有重大意义。如图 8-9 所示,保育土壤价值中固土量、固有机质量、固氮量、固磷量拥有一样的规律:针阔混交林＞针叶林,马尾松＞柳杉＞杉木＞日本落叶松。马尾松的固钾量(199.479t/a)比针阔混交林高了 152.30%,但总体上针阔混交林的固钾量高于针叶林。由图 8-10 可知,苏马荡针阔混交林的固土和保肥价值均最大,分别为 134.91 万元/a、158.14 万元/a,比针叶林高了 211.93%、257.11%。针叶林中马尾松固土价值和保肥价值最高,为 121.56 万元/a、121.50 万元/a,而日本落叶松最低;杉木的固土价值大于保肥价值,但柳杉的保肥价值大于固土价值。因此,针阔混交林的保育土壤价值大于针叶林,针叶林中马尾松最高,日本落叶松最低。

土壤侵蚀不仅会带走大量表土以及表土中的大量营养物质,而且也会带走下层土壤中的部分可溶解物质,使土壤理化性质退化、土壤肥力降低等,这些物质一旦进入水库或者湿地极有可能引发水体的富营养化,导致更为严重的自然灾害。同时,土壤侵蚀所带来的土壤贫瘠化会使人们加大化肥的使用量,将带来严重的面源污染,从而进入一种恶性循环。因此,森林生态系统的保育土壤功能,对于保障生态环境安全具有非常重要的作用。

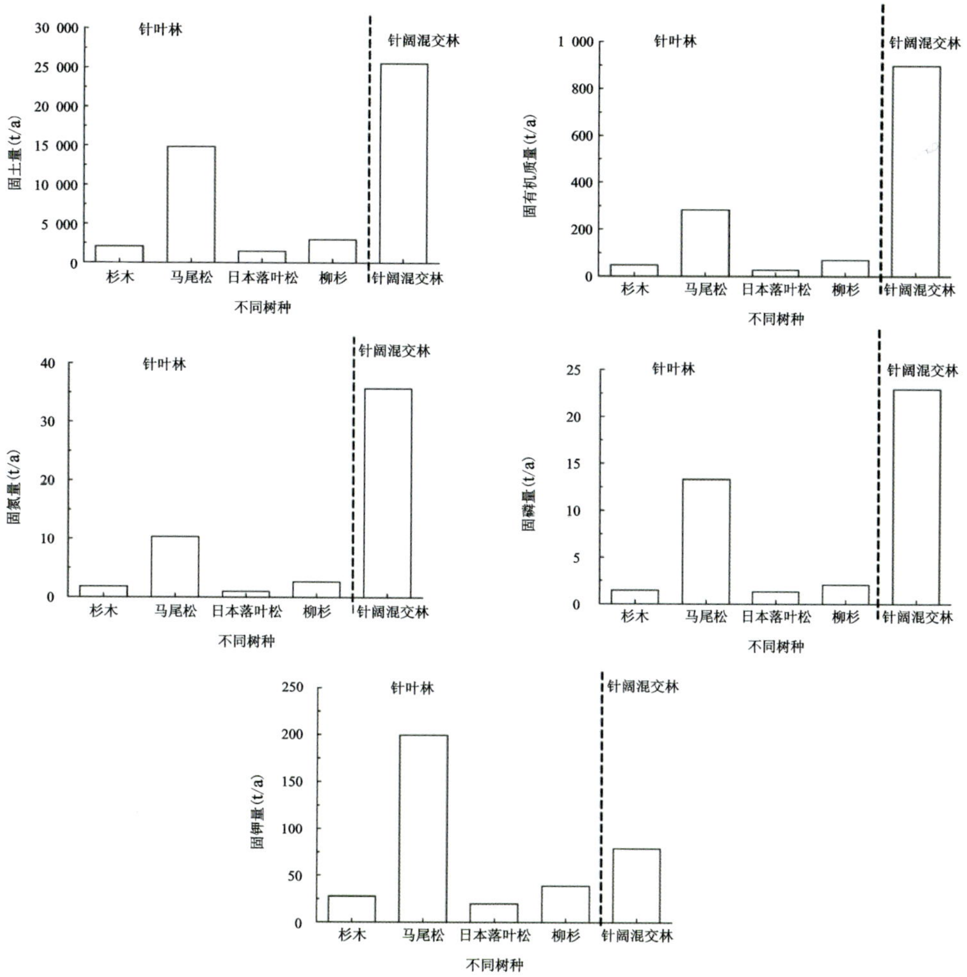

图 8-9 苏马荡不同树种保育土壤物质量

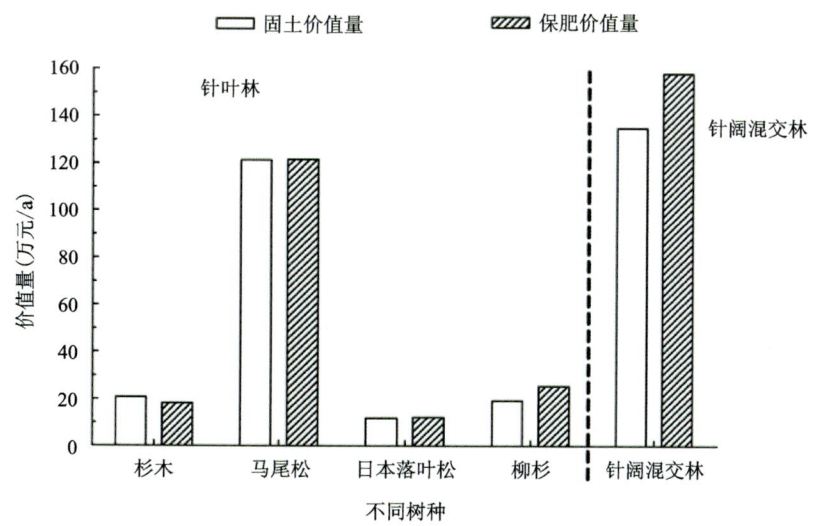

图 8-10 苏马荡不同树种固土和保肥价值量

3. 固碳释氧

森林是地球之肺，吸收二氧化碳、释放氧气的作用最明显，即森林的固碳释氧功能，这是森林生态系统服务功能价值的重要组成部分。由图 8-11 和图 8-12 可知，苏马荡固碳释氧价值的规律为：针阔混交林＞针叶林，马尾松＞柳杉＞杉木＞日本落叶松。释氧量大于固碳量，其中针阔混交林和针叶林的释氧量比固碳量分别高 160.63%、131.29%。释氧价值大于固碳价值，其中针阔混交林释氧价值最大，达到 9 065.97 万元/a，比固碳价值大 164.32%，说明针阔混交林在苏马荡固碳释氧价值最大，释氧价值大于固碳价值。

森林固碳释氧功能与森林的林龄构成、林分类型和森林结构等因素有关。由于这些自然因素的综合作用，各森林类型冠层光合作用固定二氧化碳释、放氧气的能力不同，所以两个典型区域不同优势树种之间的森林生态系统固碳量存在较大差异。该评估结果可为湖北省森林生态效益科学补偿以及跨区域的碳汇交易合作提供基础数据。

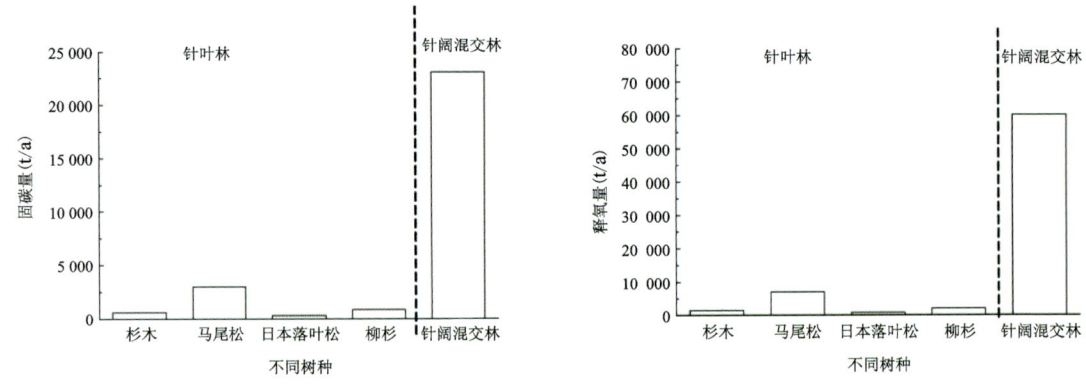

图 8-11 苏马荡不同树种固碳释氧物质量

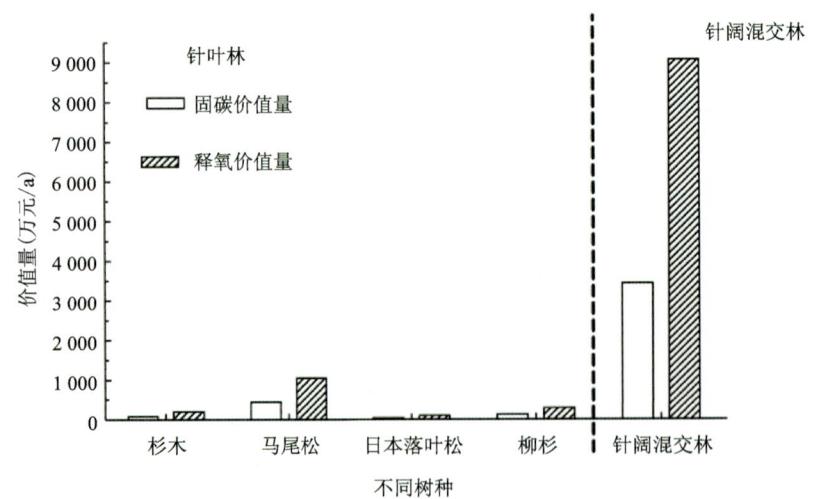

图 8-12 苏马荡不同树种固碳释氧价值量

4. 林木养分固持

林木养分固持价值包括林木养分固持物质量和林木养分固持价值量两个方面。其中，林木年养分固持物质量包括植物固氮量、植物固磷量和植物固钾量，如图 8-13 所示。针阔混交林的植物固氮量、植物固磷量和植物固钾量均为最高，分别达到 72.63t/a、14.86t/a、66.03t/a，其中植物固氮量比植物固钾量和固磷量高；针叶林的林木年养分固持物质量小于针阔混交林，其中马尾松的植物固氮量、植物固磷量和植物固钾量比杉木、柳杉和日本落叶松高，而且马尾松的植物固钾量比植物固氮量和植物固磷量高 35.56%、14.25%。

林木养分固持价值包括氮年增加价值、磷年增加价值、钾年增加价值和总养分固持物质价值 4 个因子（图 8-14）。氮年增加价值、磷年增加价值、钾年增加价值和总养分固持价值均呈现出：针阔混交林大于针叶林，且氮年增加价值（133.27 万元/a）＞磷年增加价值（53.62 万元/a）＞钾年增加价值（44.86 万元/a）。针叶林中马尾松的氮年增加价值、磷年增加价值、钾年增加价值和总养分固持价值比针阔混交林分别少 61.13%、42.04%、42.04%、53.59%。

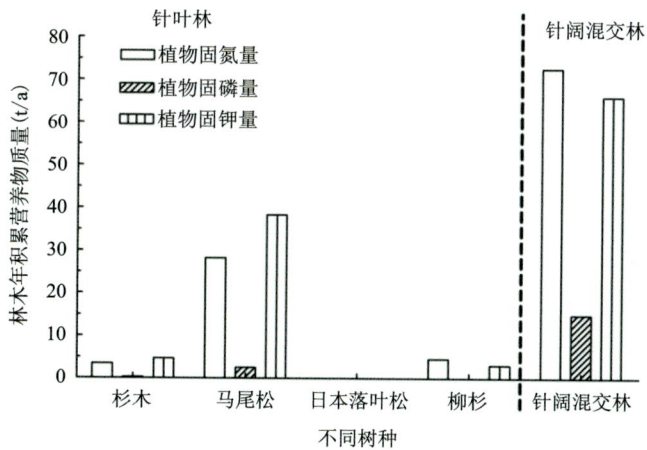

图 8-13 苏马荡不同树种林木养分固持物质量

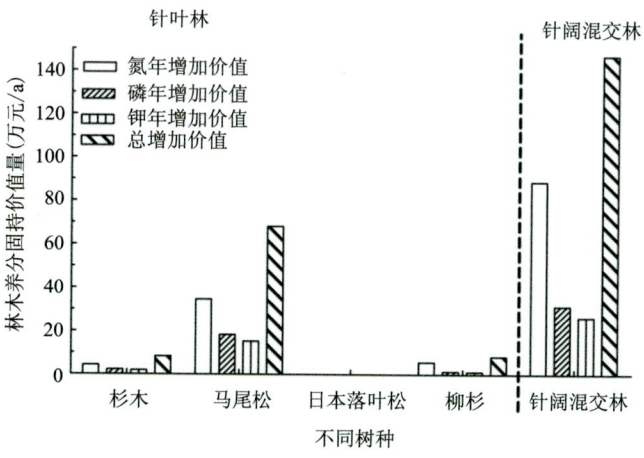

图 8-14 苏马荡不同树种林木养分固持价值量

综上所述,针叶林的林木年养分固持物质量和林木年养分固持价值量均小于针阔混交林,林木养分固持价值中氮年增加价值最大。

5. 生物多样性保护

地球上生物资源是维持人类经济活动和社会发展的基础,且地球上生物多样性是人类得以延续发展的极其重要的资源。苏马荡地区的针阔混交林的生物多样性保护价值大于针叶林,比针叶林高286.53%。针叶林中马尾松的生物多样性保护价值最大,为1 168.90万元/a,比柳杉和杉木分别高401.01%和602.69%(图8-15)。

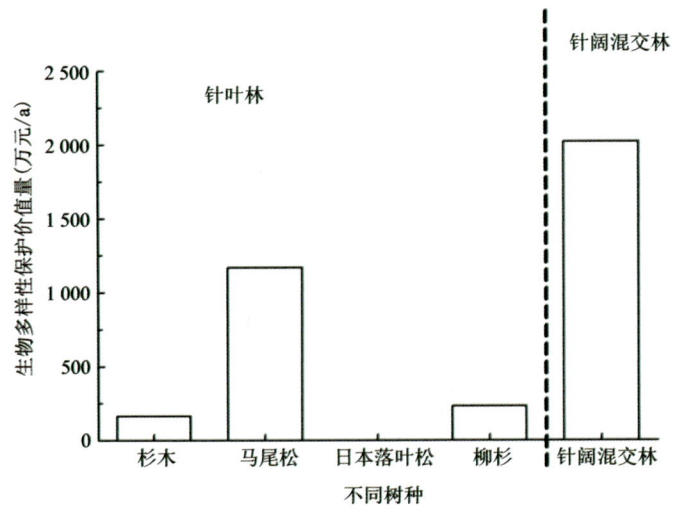

图8-15 苏马荡不同树种的生物多样性保护价值量

6. 净化大气环境、森林游憩

净化大气环境、森林游憩价值是森林的重要生态价值。苏马荡地区的森林游憩价值为3 490.15万元/a,比净化大气环境价值高14 040.89%(图8-16)。因此,森林游憩价值在森林生态系统服务价值中所占比例较大。

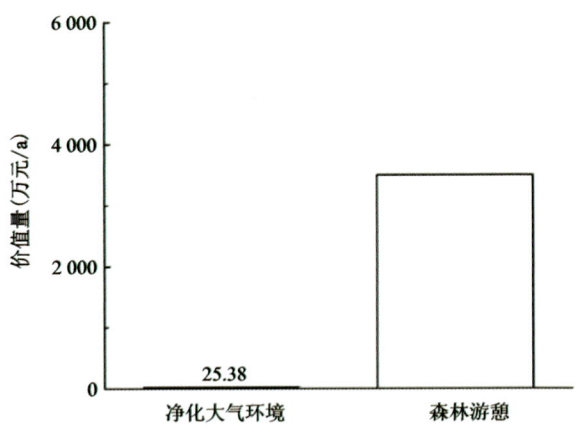

图8-16 苏马荡净化大气环境和森林游憩价值量

小结:苏马荡小流域的森林生态系统服务功能总价值达3.93亿元/a,其中涵养水源价值1.65亿元/a,保育土壤价值0.064亿元/a,固碳释氧价值1.49亿元/a,林木养分固持价值0.023亿元/a,净化大气环境价值2.54万元/a,生物多样性保护价值0.36亿元/a,森林游憩价值0.35亿元/a。在服务价值构成中,针阔混交林涵养水源、固碳释氧、林木养分固持、生物多样性保护价值均高于针叶林。

二、桃花冲森林生态系统服务价值评估

1. 涵养水源

桃花冲的森林类型主要包括针阔混交林、针叶林和阔叶林。如图 8-17 所示,针叶林的调节水量物质量最高,达到 58.26 亿 t/a,其次是针阔混交林,阔叶林最低。其中,阔叶林的调节水量物质量比针阔混交林和针叶林低 73.28%、82.65%。由图 8-18 可知,调节水量价值量和净化水质价值量以针叶林最大,分别为 5 698.63 万元/a,2 072.24 万元/a;针阔混交林的调节水量价值量比阔叶林大 274.25%;阔叶林的调节水量价值量和净化水质价值量最小,比针叶林少 4 709.91 万元/a、1 712.75 万元/a。总之,针叶林在桃花冲涵养水源价值最大,其次是针阔混交林,最后是阔叶林。

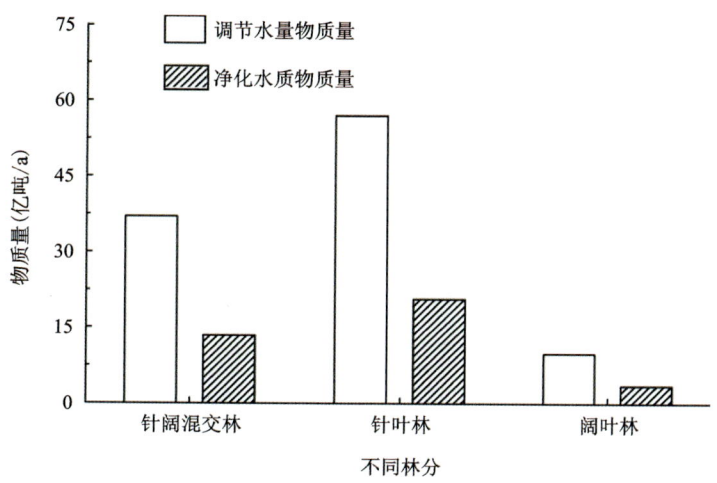

图 8-17 桃花冲不同林分调节水量物质量

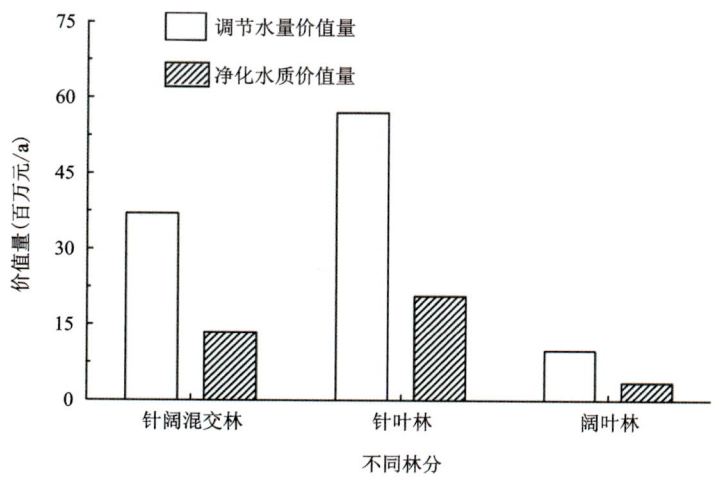

图 8-18 桃花冲不同林分调节水量和净化水质价值量

2. 保育土壤

保育土壤价值包括保育土壤物质量、固土和保肥价值量2个方面。其中,保育土壤物质量包括固土量、固有机质量、固氮量、固磷量和固钾量5个因子。由图8-19可知,上述5个因子均呈现:针叶林＞针阔混交林＞阔叶林,且固土量＞固有机质量＞固钾量＞固氮量＞固磷量。针叶林的保育土壤物质量最高,为9 078.25t/a、196.86t/a、8.27t/a、7.24t/a、117.55t/a,是阔叶林固土量、固有机质量、固氮量、固磷量和固钾量的6.32倍、4.19倍、3.84倍、5.72倍、6.64倍。针阔混交林的固土量、固有机质量、固氮量、固磷量和固钾量比针叶林少38.94％、13.84％、39.64％、38.751％和41.998％。

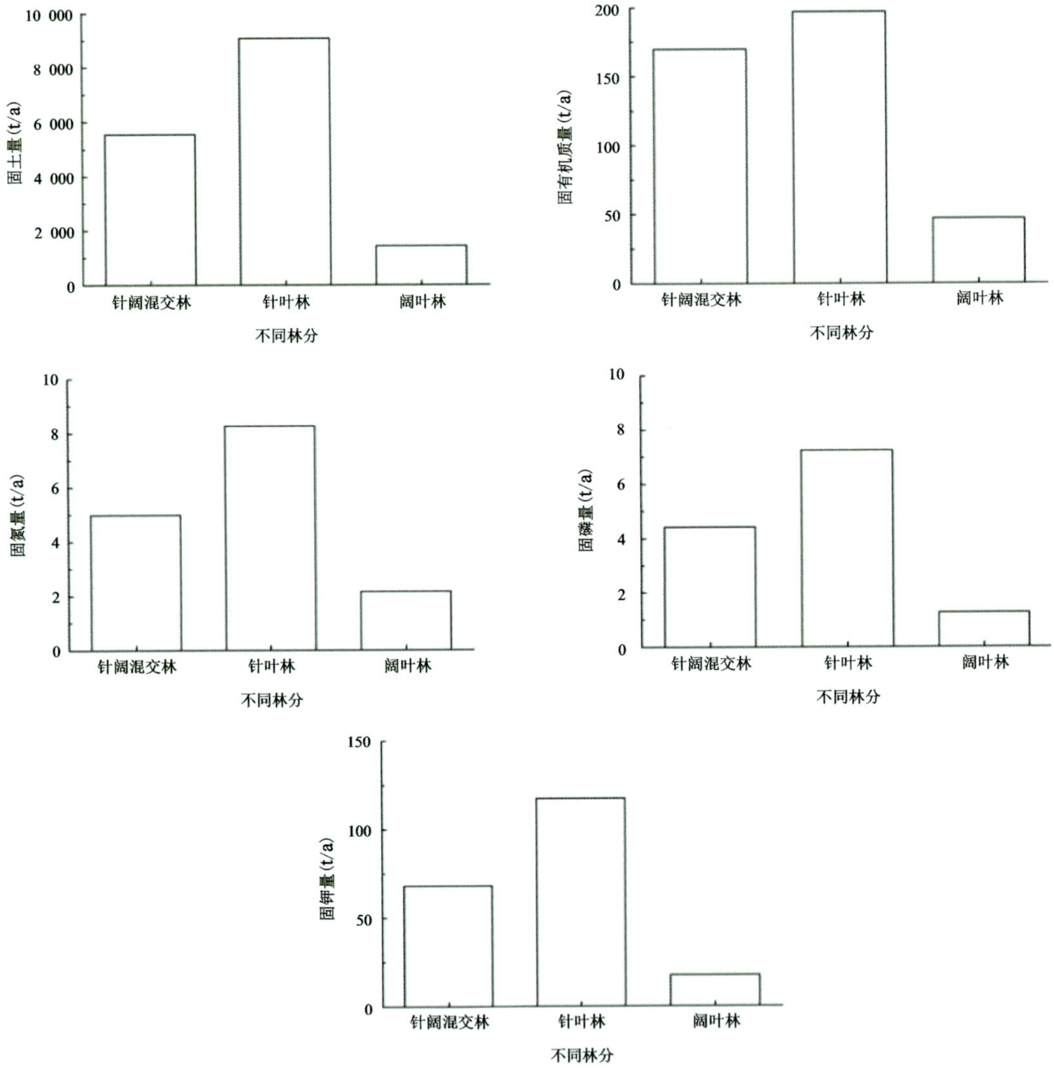

图8-19 桃花冲不同林分保育土壤物质量

固土和保肥价值量在桃花冲不同林分之间表现出：针叶林最大，为 49.32 万元/a、76.37 万元/a，比阔叶林大 613.52%、442.17%。针阔混交林位居第二，其固土和保肥价值是阔叶林的 4.34 倍、3.49 倍(图 8-20)。因此，针叶林的保育土壤价值大于阔叶林和针阔混交林。

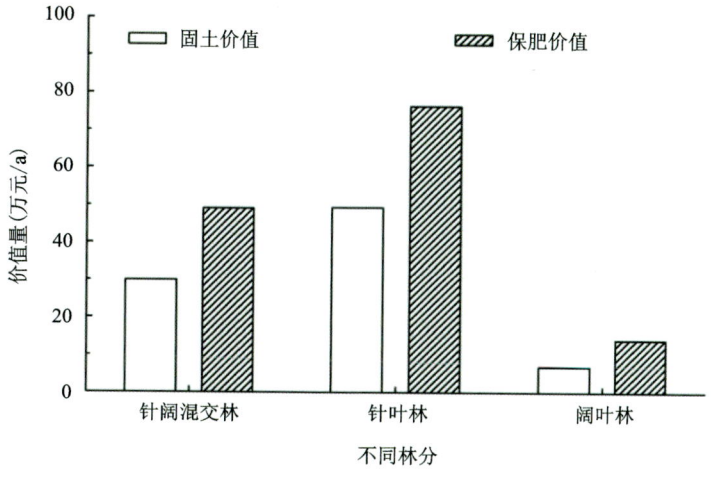

图 8-20 桃花冲不同林分固土和保肥价值量

3. 固碳释氧

固碳释氧价值由固碳释氧物质量和固碳释氧价值量 2 个方面组成，均呈现出：针叶林＞针阔混交林＞阔叶林(图 8-21、图 8-22)。针叶林的固碳释氧物质量和固碳释氧价值量是阔叶林的 5.6 倍和 6.7 倍；针阔混交林的固碳量、释氧量比针叶林少 44.08% 和 45.39%。针叶林的固碳价值量、释氧价值量最大，达到 301.91 万元/a、667.34 万元/a，针阔混交林的固碳价值量、释氧价值比阔叶林大 214.918%、267.86%。而且，释氧量大于固碳量，释氧价值量大于固碳价值量，与苏马荡结果相似。

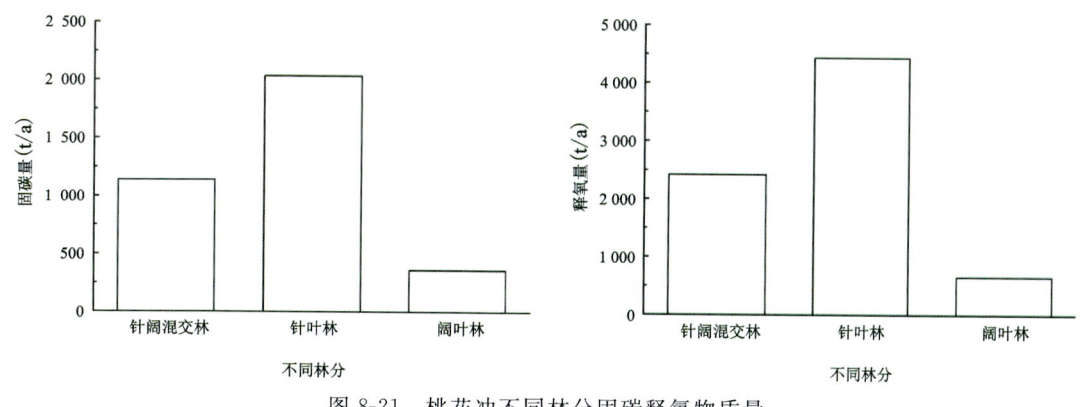

图 8-21 桃花冲不同林分固碳释氧物质量

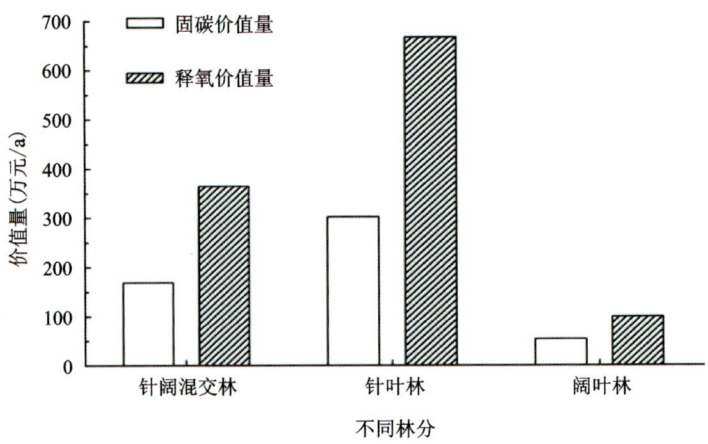

图 8-22　桃花冲不同林分固碳释氧价值量

4. 林木养分固持

由图 8-23 可知,桃花冲的植物固氮量、植物固钾量以针叶林最高,分别为 63.57t/a、42.38t/a,而针叶林的植物固磷量最低。针阔混交林的植物固磷量最高,比阔叶林高 362.93%。阔叶林的植物固氮量、植物固钾量均为最低,比针叶林低 95.16%、89.15%。

如图 8-24 所示,氮年增加价值、磷年增加价值、钾年增加价值和总养分固持价值都呈现出:针叶林＞针阔混交林＞阔叶林。同时,总养分固持价值最高,其次是氮年增加价值、磷年增加价值、钾年增加价值。针叶林的氮年增加价值是针阔混交林和阔叶林的 4.04 倍、20.64 倍。阔叶林的钾年增加价值最低,比针阔混交林和针叶林低 67.90%、89.15%。针阔混交林的磷年增加价值比针叶林低 66.21%,比阔叶林高 211.52%。

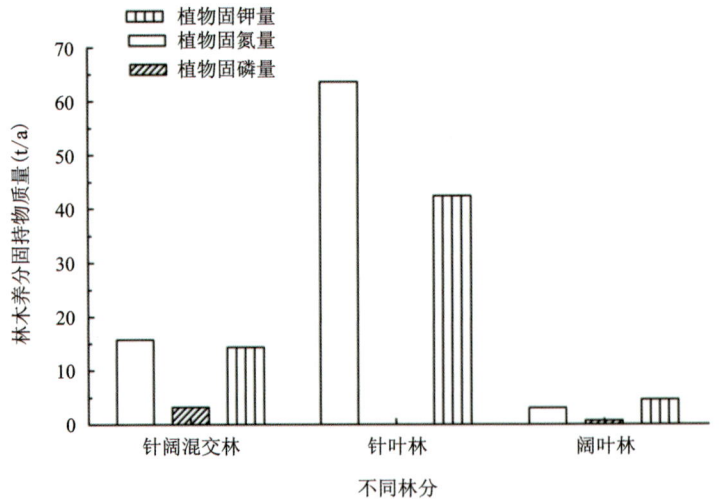

图 8-23　桃花冲不同林分年养分固持物质量

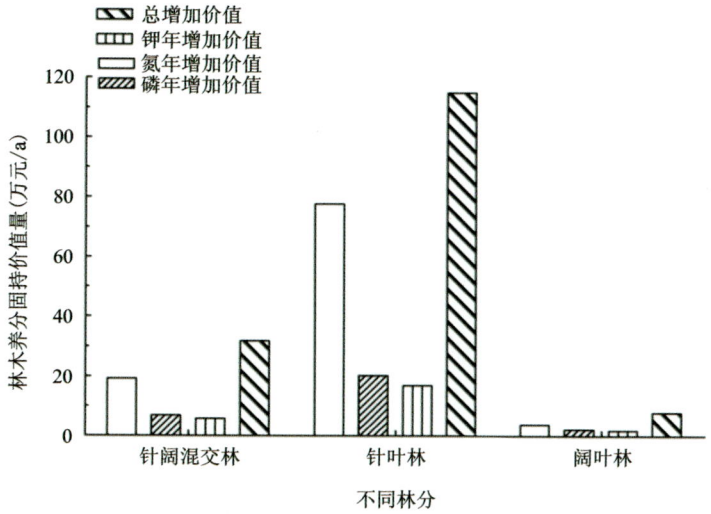

图 8-24 桃花冲不同林分养分固持价值量

5. 生物多样性保护

桃花冲地区的生物多样性保护价值以针叶林最高,为 1 424.48 万元/a,比针阔混交林和阔叶林高 225.02%、438.27%。阔叶林的生物多样性保护价值最低,比针阔混交林低 39.62%(图 8-25)。总之,生物多样性保护价值呈现出针叶林>针阔混交林>阔叶林的特点。

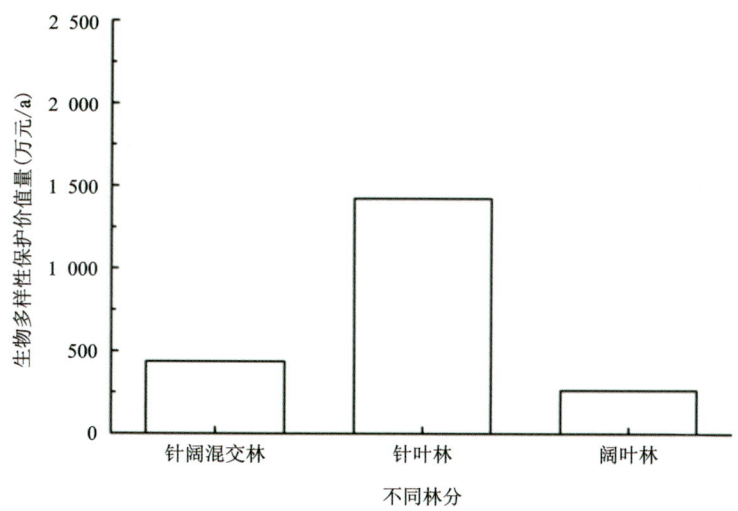

图 8-25 桃花冲不同林分生物多样性保护价值量

6. 净化大气环境、森林游憩

桃花冲地区的净化大气环境价值为 18.25 万元/a,森林游憩价值为 6 817.00 万元/a。

森林游憩价值是净化大气环境价值的 195.309 倍(图 8-26),说明森林游憩在森林生态系统服务价值中占重要位置,与苏马荡地区结果相似。

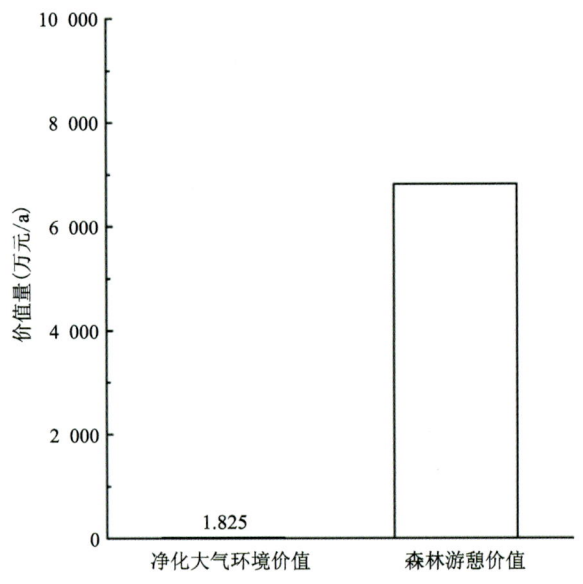

图 8-26　桃花冲净化大气环境和森林游憩价值量

小结:桃花冲小流域的森林生态系统服务功能总价值达 5.47 亿元,其中涵养水源价值 3.81 亿元/a,保育土壤价值 0.062 亿元/a,固碳释氧价值 4.72 亿元/a,林木养分固持价值 0.016 亿元/a,净化大气环境价值 1.82 万元/a,生物多样性保护价值 0.35 亿元/a,森林游憩价值 0.68 亿元/a。在服务价值构成中,针叶林的涵养水源、保育土壤、林木养分固持、生物多样性保护价值均高于针阔混交林和阔叶林。

第四节　典型小流域森林生态系统承载力评估结果

查阅湖北省林业局(http://lyj.hubei.gov.cn/sjkf/)、恩施土家族苗族自治州发展和改革委员会(http://fgw.enshi.gov.cn/)、恩施州人民政府网(http://www.enshi.gov.cn/)、英山人民政府网(http://www.chinays.gov.cn/)、中华人民共和国农业农村部(http://www.moa.gov.cn/)等网站,以及从《中国水利年鉴》、《中华人民共和国水利部水利建筑工程预算定额》、《排污费征收使用管理条例》(中华人民共和国国务院令第 369 号)、《排污费征收标准管理办法》(国家计委、财政部、环保总局、经贸委第 31 号令)等法律法规和环保部《关于排污申报与排污费征收有关问题的通知》(环办〔2014〕80 号)及《湖北省排污费征收使用管理暂行办法》(湖北省人民政府令第 310 号)等文件收集的社会公共数据,对典型小流域森林生态系统承载力进行综合评估,具体包括森林生态系统服务价值指标和承载力指标两类。

一、森林生态系统承载力分析

1. 森林生态系统服务价值指标

苏马荡森林面积29.6km²、森林覆盖率94%；桃花冲森林面积28km²、森林覆盖率90%；磷酸二铵化肥含氮量、磷酸二铵化肥含磷量、氯化钾化肥含钾量、磷酸二铵化肥价格、氯化钾化肥价格、有机质价格、固碳价格、制造氧气的价格、负离子寿命、负离子生产费用等指标值见表8-5。

表8-5 森林生态系统服务功能评估所需的社会公共数据

指标名称	单位	指标值
磷酸二铵化肥含氮量	%	18
磷酸二铵化肥含磷量	%	46
氯化钾化肥含钾量	%	60
磷酸二铵化肥价格	元/t	2 200
氯化钾化肥价格	元/t	2 400
有机质价格	元/t	800
水库建设单位库容投资	元/t	9.79
水的净化费用	元/t	3.56
挖取土方单位面积土方费用	元/m³	73
固碳价格	元/t	1 485
制造氧气的价格	元/t	1 506
负离子寿命	min	49.16
负离子生产费用	元/(10~18个)	10.97
二氧化硫治理费用	元/kg	2.15
氟化物治理费用	元/kg	1.23
氮氧化物治理费用	元/kg	1.13
降尘清理费用	元/kg	0.27
PM$_{2.5}$清理费用	元/kg	2.03

2. 森林生态系统承载力指标

森林生态系统承载力指标包括湿润指数、水域面积占比、水土流失强度、天然林保护面积占比、新增造林面积占比、政府林业投资强度、旅游年总人次、污水排放量、SO$_2$排放度、政策支持引导、生态旅游年投入总额。

3. 森林生态系统承载力分析

利用等间距法、专家法和线性加权求和法并参考相关研究成果,为了便于森林生态系统承载力的定性和定量比较,将计算结果取值范围 0～1 分成 5 个等级,结合研究区域的实际情况,最终确定各等级指数范围。从低到高对应重度超载区、中度超载区、轻度超载区、适度可载区、可载区 5 个水平(表 8-6)。等级越高表示森林生态系统稳定程度越高,资源和生态系统承载能力越强,社会和经济协调性越好。

表 8-6 森林生态系统承载力等级

等级	森林生态系统承载力状况	特征	指数范围
1	重度超载	森林生态系统严重超载,不能维持生态系统发展,生态系统处于崩溃边缘	[0,0.40)
2	中度超载	森林生态系统超载,森林功能开始退化,森林生态系统已经处于不稳定状态	[0.40,0.55)
3	轻度超载	森林生态系统轻度超载,可以发挥基本的森林生态功能	[0.55,0.70)
4	适度可载	森林生态系统适度可载,整体处于较稳定状态	[0.70,0.85)
5	可载	森林生态系统可载,整体处于稳定状态	[0.85,1]

本节以利川市苏马荡、英山县桃花冲为评价单元,通过空间状态法计算 2010—2019 年间的生态系统承载力。苏马荡和桃花冲 2010—2019 年森林生态系统承载力动态变化见图 8-27 和图 8-28。苏马荡森林生态系统承载力指数均值为 0.64,与区域森林生态系统承载力理想值(0.65)相差 0.01,森林生态系统承载力评定为等级 3,评价结果为"轻度超载"。该地生态系统承载力不合理。虽然旅游经济收益高,但是旅游资源开发过度,旅游活动发展空间接近上限,在一定程度上破坏了生态环境与社会环境,旅游生态环境系统结构与旅游服务出现较严重的问题,没有达到人与自然和谐可持续发展的要求。

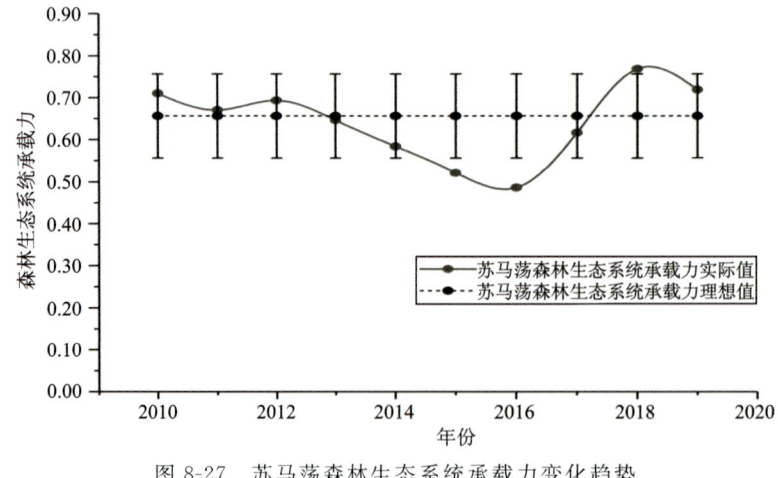

图 8-27 苏马荡森林生态系统承载力变化趋势

从图 8-27 中可以看出,苏马荡森林生态系统承载力呈现随着时间的推移,呈现波动变化的趋势。其中,2010—2012 年表现为适度可载的状态,森林生态系统结构与功能处于稳定状态,在此之后到 2013 年表现为轻度超载的状态,但高于理想值,在 2013 年时为最接近理想承载力状态,在此之后苏马荡森林生态系统承载力逐渐下降,直到 2016 年达到森林生态系统承载力的最低值,仅为 0.48,这与该年度苏马荡城镇发展建设,森林面积急剧减少与森林培育和保护等措施未协调发展等密切相关,这也表明不合理的建设、旅游开发活动易产生环境污染、植被破坏、生物多样性受威胁等突出问题,导致区域森林生态系统承载力下降。2017 年该区域森林生态系统承载力有明显提升,与 2016 年相比,同比增长 26.91%,2018 年森林生态系统承载力表现为持续提升,涨幅达 24.73%。查阅资料与咨询相关社会部门发现,在这两年期间针对苏马荡景区,当地政府和相关部门对资源节约、环境保护和生态建设的重视程度不断提升,相继出台了节约用地制度、水资源管理制度、主要污染物减排制度、林业产业发展扶持等政策制度,在这些政策制度和战略行动的影响下,全区国土资源、水资源集约利用水平和环境保护力度等明显提升,森林生态系统承载力等级也从中度超载转变为轻度超载的状态。

森林生态系统承载力是动态变化的。人类具有主观能动性,这是提高区域生态系统承载力、实现可持续发展的关键。随着该区域旅游产业的开发与城镇建设的扩增,相关部门针对出现的诸多社会环境问题进行了改革与调整,其中最为突出的是进行森林资源的保护利用,并进一步促进和发展林药产业,建设污水处理设施,推行了环境、大气等保护举措。通过以上产业结构的改善、调整和发展,苏马荡森林生态系统承载力呈现出向理想值过渡提升的状态。区域生态系统承载力动态变化表明,资源利用效率提高、科技进步、生活方式改变等,将促进产业发展不断优化,也能够有效促进森林生态系统承载力的提高。

桃花冲森林生态系统承载力指数均值为 0.73,比区域森林生态系统承载力理想值(0.69)高 0.04,森林生态系统承载力处于等级 4,评价结果为"适度超载",表明区域森林生态系统可以发挥基本的森林生态功能,整体处于较稳定状态。

从图 8-28 中可以看出,桃花冲森林生态系统承载力总体呈现先波动下降、再波动上升的变化趋势,但 10 年间同比增长平均增幅仅为 2.86%,说明该区森林生态系统承载力发展整体呈现平衡稳定状态。2010—2015 年期间,桃花冲风景区森林生态系统承载力实际值都高于理想值,均值为 0.78,其中 2010 年最高,达 0.86,为可载状态,其余年份为适度可载状态,这表明桃花冲风景区的生态旅游产业与森林资源的保护、利用处于较优模式,区域产业发展、布局处于合理的结构模式,与区域资源利用和保护呈现出协调发展的状态,保障了区域生态安全。2016—2017 年森林生态系统承载力涨幅最大,同比增长 34.40%,而 2018—2019 年的涨幅达到了 22.52%。2017—2018 年,森林生态系统承载力下降。这种周期波动式阶梯 Logistic 上升模式符合多数城市的发展模式。该地森林生态系统承载力 10 年间总体表现为合理。旅游经济收益达到最佳水平,旅游资源开发得到了充分合理利用,只有较少的旅游活动发展空间,在一定程度上轻微地干扰了生态环境与社会环境,旅游生态环境系统结构与旅游服务出现轻微的变化,达到人与自然和谐可持续发展的要求。

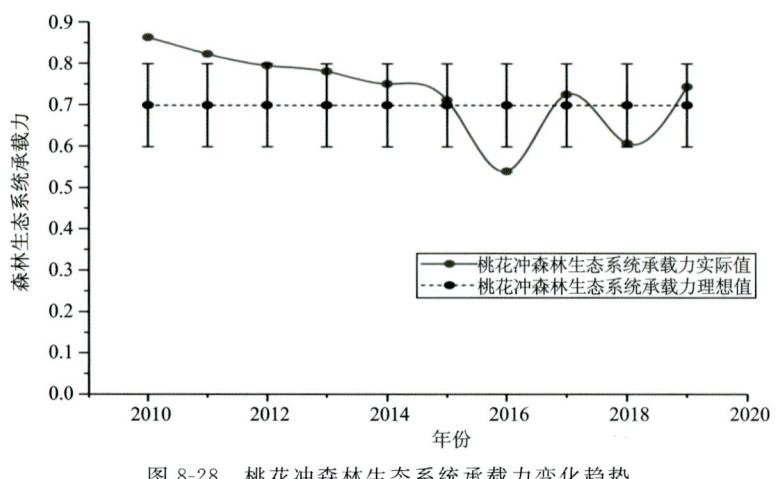

图 8-28 桃花冲森林生态系统承载力变化趋势

总体来看,苏马荡风景区区域生态系统承载力处于轻度超载状态。因此,今后针对苏马荡生态旅游产业的开发要重视产业发展与生态系统承载力协调、一致等突出问题。区域表现为资源能源消耗强度和污染排放强度高、资源利用效率低等一系列问题,因此需针对相关主要问题进行调整和改善,并进一步加强森林资源的保护与林业产业的发展,以提升该区生态环境的稳定性,提高生态系统承载力。桃花冲森林生态系统承载力10年间处于盈余—平衡状态,说明该区域生态旅游产业还可以进一步的优化提升,存在上升和发展的开发空间,在旅游发展前景较好的今天,具有极强的竞争力。两个典型区域整体森林生态旅游经济收入对区域服务价值的贡献率占有很大比例。两个区域拥有丰富的森林资源,如苏马荡绝壁杜鹃花长廊,桃花冲有"大别山植物生态基因库"的美誉,还有独特的风景资源、气候资源等,以这些生态资源为支柱,在生态旅游发展现有状态的基础上可以进行产业的进一步提升与发展。

二、森林生态系统承载力影响因素分析

对两个典型区域森林生态系统承载力的评价结果,可为地方政府制定与资源、环境和社会经济相协调的可持续的旅游开发战略提供科学的决策依据。由于生态系统承载力涉及的因素众多,包含资源、环境和社会经济等多个方面,对这两个典型区域森林生态系统承载力关键影响因素进行分析,可以为区域生态旅游发展提供科学依据与决策建议。

1. 苏马荡森林生态系统承载力主要影响因素分析

为进一步分析影响森林生态系统承载力的关键因素,对24个具体指标与森林生态系统承载力指标进行Pearson相关性分析,结果见表8-7。由表8-7可知,森林生态系统承载力与森林单位蓄积量、生态资源丰富程度呈极显著正相关,且与森林覆盖率、林分结构呈显著正相关。同时,发现这4个指标均为"状态指标"。年均气温、年均降水量、湿润指数、森林生态

系统服务价值、观赏游憩价值、旅游年总人次、游客满意度、污水排放量、SO_2排放度、水土流失强度、封山育林指数、政策支持引导、居民环保意识、人工造林指数等19个指标对生态系统承载力影响均未达到显著性水平。但可以看出，一般压力指标与区域生态系统承载力呈负相关，其中旅游对生态环境的影响指数和旅游压力指数与生态系统承载力为显著负相关，这也表明苏马荡地区为了提高区域的生态系统承载力，应该控制最大旅游承载量，游客在旅游过程中应保护生态环境、减少废气排放量。因此，森林单位蓄积量、生态资源丰富程度、森林覆盖率、林分结构是影响苏马荡生态系统承载力的关键因素，在今后政策制定与实际工作部署中，政府、当地相关职能部门和社区居民应共同保护森林资源，促进天然林恢复与发展，以进一步挖掘该区生态旅游产业发展潜力。

表8-7　苏马荡森林生态系统承载力主要影响因素相关分析结果

指标层	相关性
年均降水量	0.292
年均气温	0.307
湿润指数	0.519
生物多样性指数	0.408
森林覆盖率	0.960*
森林单位蓄积量	0.995**
林分结构	0.815*
森林生态系统服务价值	0.948
观赏游憩价值	0.866
生态资源丰富程度	0.997**
旅游年总人次	-0.521
旅游对生态环境的影响指数	-0.878*
住宿接待率	-0.209
餐饮接待率	-0.312
游客满意度	-0.288*
旅游压力指数	-0.895*
污水排放量	-0.812
SO_2排放度	-0.074
水土流失强度	-0.497
封山育林指数	0.190
人工造林指数	0.440
居民环保意识	0.909
政策支持引导	0.660
生态旅游年投入总额	0.361

注：**表示极显著相关（$P<0.01$）；*表示极显著相关（$P<0.05$）。下同。

2. 桃花冲森林生态系统承载力主要影响因素分析

在桃花冲的森林生态系统承载力相关分析过程中，年均降水量、生物多样性指数与生态系统承载力呈显著正相关（表8-7），且其属于"生态承载指标"，这可能与桃花冲的独特气候、地形以及丰富生物种类有关，其降水量可能成为该地植物生长的关键因子。因此，根据实际情况，可以适当通过人工降雨等途径提高植物等生物量以及改善环境，从而提高该地区的生态系统承载力。旅游年总人次与该区域生态系统承载力呈显著负相关，这表明游客数量直接影响该区域生态系统承载力的发展，在今后区域发展中应适当限制客流量。因为大量游客的涌入，尤其是当游客流量超过生态系统承载力时，将会对生态环境造成严重的破坏，这不仅影响景区形象，还会降低景区的旅游价值和功能。此外，从表8-8中可以明显看出：森林单位蓄积量、居民环保意识、人工造林指数、观赏游憩价值与生态系统承载力有较高的正相关关系，说明在桃花冲地区森林生态环境和观赏价值、居民环保意识以及人工造林指数在森林生态系统承载力的构成中扮演着重要角色，需要在未来的政策调整中给予重点关注。

表8-8 桃花冲森林生态系统承载力主要影响因素相关分析结果

指标层	相关性
年均降水量	0.958*
年均气温	0.382
湿润指数	0.865
生物多样性指数	0.995**
森林覆盖率	0.254
森林单位蓄积量	0.791
林分结构	0.324
森林生态系统服务价值	0.947*
观赏游憩价值	0.646
生态资源丰富程度	0.347
旅游年总人次	−0.942*
旅游对生态环境的影响指数	−0.468
住宿接待率	−0.298
餐饮接待率	−0.306
游客满意度	−0.751

续表 8-8

指标层	相关性
旅游压力指数	−0.194
污水排放量	−0.300
SO_2 排放度	−0.346
水土流失强度	−0.215
封山育林指数	−0.379
人工造林指数	0.621
居民环保意识	0.883
政策支持引导	0.310
生态旅游年投入总额	0.201

第五节　典型小流域森林生态系统服务价值与承载力综合分析

苏马荡、桃花冲区域为湖北省典型生态旅游开发区，具有丰富的资源、独特的景观、宜人的气候和浓郁的少数民族风土人情等，发展潜力巨大，是生态旅游发展与提升的理想地区。科学评估苏马荡、桃花冲两个典型区域的生态系统服务价值，合理评价两个典型区域生态系统承载力是生态旅游可持续发展的前提与依据。

依托 2019 年全省森林资源二类调查数据，根据分布式测算评估方法与 2020 年发布的国家标准《森林生态系统服务功能评估规范》(GB/T 38582—2020)，并结合区域森林资源特点，确定评估指标及指标体系，对两个典型区域的生态系统服务功能价值进行评估。在此基础上，基于 PSR 模型从森林生态系统承载力、社会压力及生态系统响应 3 个维度来构建评价指标体系（包括 3 大准则层，6 大指标层，共计 24 个具体指标），采用熵权法与专家法主客观相结合的测度方法确定县域森林生态系统承载力的指标权重，独创性地运用向量模法对状态空间法进行改进，同时对两个典型区域森林生态系统承载力指数进行了定量测算，并分析关键影响因子，为这两个典型区域的生态旅游发展提供科学依据，并为地方政府制定与资源、环境和社会经济相协调的可持续的旅游开发战略提供科学的决策依据。

一、典型小流域森林生态系统服务价值特征

1. 苏马荡森林生态系统服务价值结构特点

苏马荡地区森林生态系统服务功能中,各项生态系统服务价值占比分别为:涵养水源价值41.04%,保育土壤价值1.64%,固碳释氧价值37.77%,林木养分固持价值1.51%,净化大气环境价值0.06%,生物多样性保护价值9.11%,森林游憩价值8.87%。这表明涵养水源是苏马荡地区森林生态系统提供的关键服务功能,对全区的水源生态环境调节具有突出贡献。固碳释氧是森林生态系统服务功能的重要指标,有研究表明,森林对全球碳循环贡献最大。该区域固碳释氧价值在所有生态系统服务功能中占比也较大,这与该区的林龄结构组成、林分类型和森林结构都有关。由于这些因素的综合作用,各森林类型冠层利用光合作用固定二氧化碳、释放氧气的能力不同,不同林分间表现出不同的固碳释氧价值。该区域的净化大气环境价值相对占比最小,这可能是由于在核算时主要以该区域森林负离子释放物质量为主,未考虑吸收污染物和滞尘等功能和作用,所以数值偏低。总体来看,各项服务功能价值统计显示该地区生态系统服务贡献最大的是针阔混交林,接下来依次为马尾松、柳杉、日本落叶松和杉木林。

2. 桃花冲森林生态系统服务价值结构特点

桃花冲地区森林生态系统服务功能中,各项生态系统服务价值占比分别为:涵养水源价值70.94%,保育土壤价值1.14%,固碳释氧价值8.61%,林木养分固持价值0.31%,净化大气环境价值0.03%,生物多样性保护价值6.51%,森林游憩价值12.46%。涵养水源服务在该区域发挥了重要的生态保护作用。林木养分固持功能首先是维持自身生态系统的养分平衡,其次才是为人类提供生态系统服务。森林游憩功能贡献价值为次之,这与该区的山地地形分布、水资源充沛、森林覆盖率高、物种较丰富的自然地理特征具有紧密的联系,也表明该区域在森林生态系统保护方面取得了较为显著的成效。区域林木养分固持的价值占比较小,这可能是由于该区的水热条件差异较大。总体来看,各项服务价值统计显示该地区生态系统服务贡献最大的是针叶林,接下来依次为针阔混交林和阔叶林。

3. 典型小流域森林生态系统服务价值对比分析

综合对比分析发现,桃花冲地区的涵养水源价值、森林游憩价值都高于苏马荡地区;而苏马荡地区的净化大气环境价值、林木养分固持价值、固碳释氧价值以及保育土壤价值中的固土量、固土价值量、固有机质量、固氮量、固磷量都比桃花冲地区的高。

图8-29显示苏马荡的森林生态系统服务功能价值量达3.93亿元,针阔混交林涵养水源、保育土壤、林木养分固持、生物多样性保护价值均高于针叶林。这可能是由于针阔混交林的林分组成成分、物种和垂直空间利用较单一的针叶林更丰富、充分,更有利于发挥其森

林生态系统服务功能价值,生态系统承载力更高。然而,桃花冲的森林生态系统服务功能价值量达 5.47 亿元,高于苏马荡的森林生态系统服务功能价值,且与苏马荡不同林分对森林生态系统服务贡献有差异,可能是两者的地理位置、海拔、地形等环境因子不同造成的,相对于针阔混交林和阔叶林,桃花冲针叶林的贡献更大。

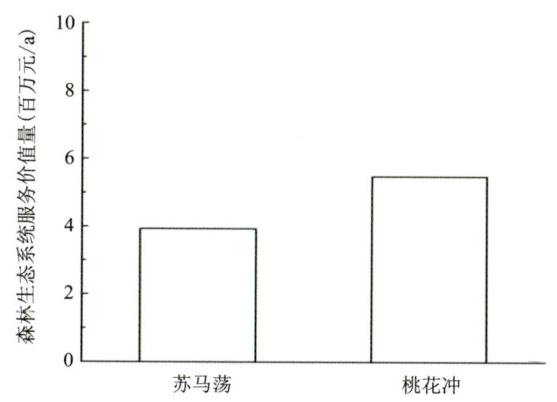

图 8-29　苏马荡和桃花冲的森林生态系统服务价值量比较

二、典型小流域森林生态系统承载力特征

1. 森林生态系统承载力现状

以典型区域利川市苏马荡、英山县桃花冲为评价单元,通过空间状态法计算两个区域 2010—2019 年间的生态系统承载力。苏马荡 2010—2019 年森林生态系统承载力指数均值为 0.64,处于等级 3,轻度超载状态,表明该地生态系统承载力不合理。虽然旅游经济收益高,但是旅游资源开发利用不合理,旅游活动发展空间临近上限,在一定程度上破坏了生态环境与社会环境,生态系统结构与旅游服务出现较严重的问题,没有达到人与自然和谐可持续发展的要求。

桃花冲风景区 2010—2019 年森林生态系统承载力指数均值为 0.73,处于等级 4,为可载状态,表明该地生态系统承载力合理。旅游经济收益达到最佳水平,旅游资源开发得到了充分合理利用,只有较少的旅游活动发展空间,在一定程度上轻微干扰了生态环境与社会环境,生态系统结构与旅游服务出现轻微的变化,达到人与自然和谐可持续发展的要求。

2. 森林生态系统承载力影响因素分析

苏马荡风景区生态系统承载力与森林覆盖率、森林单位蓄积量、林分结构、森林生态系统服务价值、观赏游憩价值、生态资源丰富程度 6 个指标有较高的正相关关系,而与旅游压力指数、污水排放量和居民环保意识 3 个指标呈负相关关系。因此,在今后的生态旅游产业发展中应注重森林资源的保护与森林质量的提升,并且要进一步增强当地居民的环保意识,

减少污水排放量,在旅游旺季适度控制游客数量,保证生态旅游产业发展的可持续性。

桃花冲风景区森林生态系统承载力与年均降水量、生物多样性指数和森林生态系统服务价值呈较高的正相关关系,与旅游年总人次和居民环保意识呈较高的负相关关系,这表明降水量、生物多样性以及生态系统服务价值成为该地生态系统承载力发展的关键因子。因此,今后需进一步做好宣传,让当地居民重视森林资源的保护与生物多样性的维持,并且适度控制游客数量,以促进该区生态系统承载力的可持续发展。

第六节 森林生态系统服务价值利用与承载力协同发展策略

为了促进两个典型区域森林生态系统承载力的可持续发展,以"两山"理论为指导,针对制约两个典型区域森林生态系统承载力提高的关键影响因子,结合两个典型区域经济社会发展规划、生态文明建设规划等,提出如下对策建议,以进一步提高其森林生态系统承载力,实现绿色发展。

一、经济对策

苏马荡风景区森林生态系统服务功能中,涵养水源和固碳释氧价值在所有生态系统服务功能中所占比重最大,因此今后在生态产业发展中,可以利用该区域的生态系统服务功能优势,引进投资,开发碳汇储备林基地建设,并保护水源涵养林,巩固和发展区域造林绿化成果,完善生态补偿机制,增加林业生态效益,加快生态文明建设。此外,该区应以区域生态旅游资源为基础,结合苏马荡地区气候特色和土家特色,突出"中国最美小地方"的美誉,充分发挥苏马荡区域优势资源如自然景观、乡野生态景观、历史人文景观等优势,培育打造旅游精品线路。在林业产业发展方面,考虑以药材场和林场为中心,通过"企业+产业"合作模式,不断开拓创新,发展林下养殖、林产品采集加工、林药和旅游产业,进一步在生态旅游产业基础上发展大健康产业(包括健康医药、健康养老、健康运动等产业),并通过电商平台展示特色景点及特色林产品,加强区域形象整体对外推介活动,切实贯彻"绿水青山就是金山银山"的发展理念,助力乡村振兴。

桃花冲风景区涵养水源价值最高,其次为森林游憩和生物多样性保护价值,因此该区域应进一步宣传和发展桃花冲"十里桃花溪"旅游特色,并对景区内可开发的原始森林进一步挖掘,如可针对"活化石"银杏、水杉等国家重点珍稀保护树种,"第一药材宝库"等珍贵植物资源开展标本馆或景观路线建设,以挖掘生物多样性保护与开发潜力,综合资源环境优势,打造多样化生态旅游项目,并围绕"红色旅游"主题,强化特色旅游,进一步以丰富森林资源为基础,促进生态旅游产业发展。

两个典型区域要突出林业产业发展,积极争取专项资金支持,全力保障防控工作经费需要,多渠道争取上级补助,同时积极整合其他相关项目资金投入,以优质的产品为依托,注册商标,利用"旅游+"和"生态+"等模式,打造"森林食品基地""森林康养基地""森林乡村""森林小镇",提高产品知名度,林旅结合,增加产品深加工、旅游、采摘等延伸产品价值,不断推动林业产业升级。

二、社会对策

苏马荡风景区每年季节性涌入数量过多的游客,使得旅游压力增加,且游客过多对生态环境产生较大的影响,使当地生态资源、环境资源都受到一定程度的影响。因此,在今后的生态旅游产业发展中应注重森林资源的保护与森林质量的提升,并且要进一步增强当地居民的环保意识,减少污水排放量,在旅游旺季适度控制游客数量,保证生态旅游产业发展的可持续性。

桃花冲风景区今后需做好进一步宣传,让当地居民重视森林资源的保护与生物多样性的维持,适度控制桃花冲风景区旅游年总人次,以降低游客数量对当地生态资源环境的压力,提高桃花冲区域生态系统承载力,促进该区生态系统承载力的可持续提高。

综上所述,两个典型区域应适度控制游客数量,尤其是在旅游旺季,并且充分利用"互联网+"旅游的形式,推行"新网络营销与宣传",及时向社会发布信息,开展与游客的网上交流,以维护两个典型区域生态旅游可持续发展为前提,在不断扩大景区的影响力、吸引力和竞争力的同时,加大宣传教育,让旅游者充分认识到生态环境资源的价值,保护资源环境,并重视当地社区居民的利益,在一定程度上可提高生态系统承载力。

三、资源环境对策

根据国内外市场的动态变化,尽快完成两个典型区域森林生态系统服务价值的定价工作,进一步明确两个典型区域的森林生态环境资源价值,为进一步保护与发展两个典型区域的森林生态环境提供科学依据,也为有偿使用森林生态资源提供一定的参考。

在景区建设方面,苏马荡风景区应该加大对外开放的层次、范围和力度,特别要注意外部经济资源与本地旅游资源优势的结合,努力提高旅游资源的配置效率。此外,针对可以适当加大环境保护投入,进一步完善景区内污水、废气、固体废弃物等处理设施。逐步完善区域内的交通、厕所、停车场、城市休闲、公共信息平台以及水、电、气、网络等市政服务设施的建设,为本地区旅游业的发展提供基础保障,提高旅游地的可进入性,满足游客的日益增长需求。

桃花冲旅游管理部门应组织开展多种方式的旅游宣传促销活动,通过在主要城市散发宣传资料、投放广告、举办大型旅游活动、参加旅游交易会等定期项目和邀请影视剧组前来拍摄等不定期项目,拓展客源市场。此外,该区拥有板栗、猕猴桃、云雾茶等众多特色旅游商

品,应进一步以"桃花"做文章,深度开发桃花特色资源产品,如桃花糕、桃花茶、桃花酒等,做大做强,创立品牌。

两个典型区域旅游产业发展应与周边旅游区采用区域旅游经济一体化战略,按照"产品互补、交通互联、客源共享、信息互通、节庆共办、促销互帮、争议互商"的总体思路,展开区域性旅游合作,达到全季旅游、全域旅游的目标。在此基础上,引进高水平的旅游人才,积极培养本土人才,适时邀请旅游专家、学者办讲座,开展讲学等,加强区域旅游管理人员的文化素质教育,以提升旅游产业的整体水平。

第九章
湖北省林业碳汇特征及碳中和潜力

　　湖北省位于长江中游,地处我国南北过渡、东西交会地带,境内辖有三江(长江、汉江、清江)、四山(武陵山、秦巴山、大别山、幕阜山)。其中四山脉系分布区植被多样,森林覆盖率高,是湖北的重要生态屏障。三江流域湖泊星罗棋布,湿地资源极其丰富,因而湖北素有"千湖之省"之称。从本次评估结果来看,湖北森林、湿地碳汇量分别达到 1 322.72 万 t、3 836.49 万 t,林业森林和湿地碳汇功能显著。从资源数量、质量结构特征分析,又可以看出湖北森林和湿地碳汇能力仍处于不均衡、低水平状态,未来具有较大的提升潜力。

第一节　湖北省森林碳汇特征与碳中和潜力

　　森林面积虽然只占陆地总面积的 1/3,但森林植被区的碳储量几乎占到了陆地碳库总量的一半。树木通过光合作用吸收了大气中大量的二氧化碳,在降低大气中温室气体浓度、减缓全球气候变暖中具有十分重要的独特作用。

　　本次评估中森林固碳量转化为二氧化碳的吸收量,即森林碳汇量。2019 年,湖北省森林生态系统年吸收二氧化碳可达 4 850.46 万 t,约可中和当年化石能源二氧化碳排放量(2.18 亿 t)的 22.25%,中和当年总能源消耗产生的二氧化碳排放量(3.69 亿 t)的 13.15%。

一、湖北省各地市(州)森林植被碳汇分布情况

　　2021 年,湖北省森林植被共固碳约 896.54 万 t,折合吸收二氧化碳量约为 3 290.32 万 t。乔木林中,针叶林的年碳汇量(以 CO_2 计,下同)共约 680.34 万 t,阔叶林的年碳汇量共约 1 632.39 万 t,针阔混交林的年碳汇量共约 530.98 万 t。单位面积年碳汇量则是针阔混交林 [4.46t/($hm^2 \cdot a$)]＞阔叶林[3.66t/($hm^2 \cdot a$)]＞针叶林[3.08t/($hm^2 \cdot a$)]。

　　湖北省各地市(州)森林植被碳汇分布情况详见表 9-1 和图 9-1。森林植被年碳汇量最高的区域主要分布在鄂西北。其中,十堰市为全省最高,达到 714.15 万 t/a;其次是恩施州

和宜昌市,分别达到 649.18 万 t/a 和 535.98 万 t/a。这三个地区的森林植被年碳汇量之和已超过全省年碳汇量的一半。襄阳市、黄冈市和咸宁市的森林植被年碳汇量较高,分别达到 309.57 万 t/a、266.54 万 t/a 和 212.94 万 t/a。其他地区的森林植被年碳汇量较低,除黄石市外,均不超过 100 万 t/a。值得注意的是,碳汇量高的地区,其单位面积碳汇量并不与其碳汇量成正比,如十堰市、恩施州和宜昌市的单位面积年碳汇量在 3.69~4.11t/(hm²·a) 之间,只略高于全省平均水平;而黄石市和鄂州市则表现出更大的优势,其单位面积年碳汇量分别达到了 7.58t/(hm²·a) 和 5.1t/(hm²·a)。森林质量最高的神农架地区的单位面积碳汇量甚至略低于全省平均水平,并未表现出很高的碳汇能力,可能与神农架地区的林分多数为相对成熟的天然林有关。

表 9-1　湖北省各地市(州)森林植被碳汇分布

地区	植被年固碳量 (万 t/a)	植被年碳汇量 (万 t/a)	单位面积年碳汇量 [t/(hm²·a)]
武汉市	13.61	49.96	3.93
黄石市	34.52	126.68	7.58
十堰市	194.59	714.15	4.11
宜昌市	146.04	535.98	3.69
襄阳市	84.35	309.57	3.46
鄂州市	2.18	7.99	5.10
荆门市	25.09	92.09	2.38
孝感市	19.89	73.00	3.91
荆州市	13.64	50.07	3.23
黄冈市	72.63	266.54	3.65
咸宁市	58.02	212.94	4.13
随州市	27.17	99.71	1.98
恩施州	176.89	649.18	3.85
神农架林区	27.07	99.35	3.23
其他省直	0.54	3.09	0.38
全省	896.54	3 290.32	3.45

第二节　湖北省湿地碳汇功能及其巩固和提升对策

湿地作为地球重要的陆地生态系统,与海洋、森林并称为三大生态系统,尽管湿地仅占全球陆地面积的5%~8%,却是一个重要湿地碳(C)库和碳汇(Gorham,1991;Mitsch et al, 2013),全球陆地生态系统土壤碳有20%~30%储存在湿地土壤中(Gorham,1991;Roulet, 2000)。据Mitsch等(2013)估算,全球湿地每年吸收大气中二氧化碳(CO_2)12.8亿t,但是湿地每年固定的CO_2大约有35%(4.48亿t)以甲烷(CH_4)的形式释放到大气中,从而每年大约有8.30亿t固定在湿地生态系统中。因此,湿地在减缓全球气候变化中发挥着重要作用。

一、湿地碳汇研究背景与现状

政府间气候专门委员会(IPCC)最新评估报告(第六次)指出,从19世纪后半叶(1850—1900年)到21世纪10年代(2011—2020年)的140余年间,全球地表平均温度升高了1.09℃(IPCC,2021)。中国在第七十五届联合国大会上承诺CO_2排放力争于2030年前达到峰值,努力争取2060年实现碳中和(简称"双碳"目标)。从而"双碳"目标已成为中国未来重要的长期目标,主要通过"减排、保碳、增汇、封存"四个技术途径实现,其中巩固和提升生态系统碳汇增量是实现"双碳"目标的重要途径之一(于贵瑞等,2022)。由于特殊的还原环境和具有较高生产力水平,湿地在碳的储存过程中呈现出碳汇的功能(吕铭志等,2013)。但是由于不同气候条件和不同湿地类型的水文条件、植物净初级生产力、地形地貌等差异较大,湿地碳累积速率和碳排放过程有较大差异(宋长春,2003;吕铭志等,2013;Xiao et al., 2019),通常滨海湿地碳汇潜力最大,其次为湖泊湿地、河流湿地,最小为沼泽湿地(吕铭志等,2013;Xiao et al.,2019;杨元合等,2022)。周文昌等(2012)研究报道东北天然森林沼泽湿地多数是大气碳汇[5~68g/(m^2·a)],毛赤杨沼泽湿地属于碳源[65g/(m^2·a)]。段晓男等(2006)通过研究中国各种沼泽湿地的碳汇功能认为,中国沼泽湿地总的固碳能力每年大约为0.05亿t;Xiao等(2019)最新估算中国湿地每年碳汇有1.2亿t,中国湿地碳库高达168.7亿t,比张旭辉等(2008)估算的中国湿地土壤总有机碳库高出近70亿t。因此,中国湿地具有很大碳库和碳汇潜力,加强湿地碳库潜力和碳汇潜力评价对于推进"双碳"目标具有重要作用。

基于"双碳"目标和湖北湿地碳汇研究进展,目前有几项研究报道了湖北湿地植被生产力。陈亮等(2021)研究了长江流域陆地生态系统植被总初级生产力(GPP),多年均值为985.11g/(m^2·a);朱爱民等(2007)研究了湖北浮桥河水库浮游植物初级生产力日生产量为0.34~4.99g/(m^2·d)[均值为2.7g/(m^2·d)];马丽娜等(2011)研究了三峡水库香溪河浮游植物的初级生产力为1.60mg/(m²·d),最大值出现在7—8月;周文昌等(2021)采用植物生物量评估湖北省湿地植物固碳量为3 837万t。目前,缺乏湖北省整个区域内的湿地碳汇潜力评估。因此,本节初步探索湖北湿地碳汇潜力,并提出碳增汇措施,为林业管理部门推进碳中和提供参考依据。

二、湖北湿地碳汇潜力评估

1. 基于全球碳汇平均值的文献报道评估

Mitsch等(2013)在 *Landscape Ecology* 发表的论文 *Wetlands, Carbon, and Climate Change*,统计和分析了全球湿地净碳汇功能,热带和亚热带气候区湿地碳汇能力为(194±56)g/(m²·a)。基于湖北属于亚热带气候带,2013年湖北省湿地(145.02万hm²)碳汇能力大约为281.34万t/a,折合CO_2吸收量达1 031.58万t/a;如果以全球湿地碳汇平均值[118g/(m²·a)]为依据(Mitsch et al.,2013),则湖北省2013年湿地碳汇能力大约为171.12万t/a,折合CO_2吸收量达627.45万t/a。

2. 基于不同湿地类型碳汇评估

在湖泊和河流湿地碳汇功能评估中,将植被净初级生产力作为湿地生态系统年净固碳量(土壤碳排放忽略不计)。湖北省有湖泊湿地面积27.69万hm²,河流湿地面积45.04万hm²。李博等(2000)在《生态学》专著中整理出的全球湖泊和河流湿地生态系统净初级生产力范围为100～1500g/(m²·a),平均值为250g/(m²·a),则根据植物光合作用方程,植物每生产1kg干物质,固定1.63kg的CO_2,相当于0.44kg碳,如忽视气候变化影响湿地植物生产力(下同),那么2013年湖北省湖泊和河流湿地碳汇功能达80.00万t/a,折合CO_2吸收量达296.37万t/a。

沼泽湿地碳汇功能评估同样以植被净初级生产力作为碳汇功能计算。李博等(2000)在《生态学》专著中整理出的全球沼泽和沼泽湿地植被净初级生产力范围为800～3 500g/(m²·a),平均值为2 000g/(m²·a),2013年湖北省沼泽湿地(3.69万hm²)碳汇功能为32.47万t/a,折合CO_2吸收量达120.29万t/a。

人工湿地水库不仅在防洪减灾、供水保障、农业灌溉等方面发挥重要作用,而且在固碳方面也发挥不可替代的作用。水体中的植物净初级生产力主要是指浮游植物初级生产力减去自养呼吸的剩余部分。由于缺乏数据,根据马丽娜等(2011)的研究,三峡水库香溪河库湾夏季期间浮游植物净初级生产力4个监测点分别为5.58g/(m²·d)、3.36g/(m²·d)、2.53g/(m²·d)和1.89g/(m²·d),平均值为3.34g/(m²·d),再按照1g氧气=0.3g碳(马丽娜等,2011;章宗涉等,1991),这些人工湿地夏季期间(6—8月)净初级生产力平均值为1.00g/(m²·d),那么2013年湖北省人工湿地(68.08万hm²)浮游植物净初级生产力为61.39万t/a,折合CO_2吸收量达225.11万t/a。

基于湿地类型的碳汇功能评估,2013年湖北省湿地碳汇为173.86万t/a,折合CO_2吸收量达641.77万t/a,这个估算值与采用全球湿地平均碳汇估算的湖北省湿地碳汇相当。

三、湖北湿地碳减排和碳增汇措施

采用上述两种方法评估2013年湖北湿地CO_2吸收量为627.45万～1 031.58万t/a。根据湖北省发展和改革委员会"十二五"期间化石能源燃烧释放的CO_2量达3.64亿t,则湖北省湿地2013年净固碳量占全省2013年度化石能源燃烧排放CO_2量的1.7%～2.8%,这说明湖北省湿地具有一定碳中和及碳汇潜力。湖北省湿地碳汇能力强度实际多大,还需加强生态系统减排增汇科技攻关行动,摸清湖北省湿地生态系统碳汇底数,为湖北省贯彻落实"双碳"目标提供技术支撑。

1. 保护现有湖北湿地类型的碳汇量

湿地由于长期淹水,分解速率较低。据估算,中国湿地土壤有机碳总库为50～169亿t,占全球湿地土壤有机碳储量的1%～4%(张旭辉等,2008;郑姚闽等,2013;Xiao et al.,2019)。但是由于全球湿地是大气CH_4的重要排放源,全球自然湿地每年CH_4排放量占全球CH_4总排放量的20%～30%(郑庆菊等,2005;杨元合等,2022)。因此,要减少湿地向大气排放CH_4,实现减排路径。另外,由于湿地贮存了巨大的土壤碳,尤其是泥炭沼泽湿地,土壤封存的有机碳储量大约是全球陆地生态系统碳储量的30%,大气碳库的60%(周文昌等,2016a;Gorham,1991),所以保护现有湖北湿地面积,防止湿地丧失或退化,有助于减少土壤碳排放,稳定土壤碳库,维持土壤最大碳汇量,进而实现减排。周文昌等(2016b)通过研究若尔盖高寒沼泽湿地发现,经土壤排水疏干后,转化为退化沼泽草甸,导致沼泽湿地每年向大气的碳排放高达$7t/hm^2$。

2. 湿地修复有利于促进湿地碳增汇

由于长期的水淹条件和分解速率较低,泥炭沼泽以一个微弱的碳汇[约23 g/(m^2·a)]储存于土壤中,经历上万年,形成单位面积土壤有机碳密度约1 000t/hm^2(Gorham,1991;Liu et al.,2018;Cong et al.,2022),甚至高达2 000t/hm^2,这个土壤碳密度是森林和草地土壤碳密度(约100t/hm^2)的10倍以上(Wang et al.,2014)。若尔盖高原沼泽湿地排水疏干后,土壤碳排放(CO_2)大幅增加,进而降低沼泽湿地土壤碳储量,但是退化沼泽草甸仍是森林和草地土壤碳储量的3～6倍(周文昌等,2016b;Zhou et al.,2021)。因此,应加强退化湿地修复,堵塞排水沟渠,控制沼泽湿地向林地和农业用地转化,扭转碳排放降低趋势,将碳封存于土壤中,减缓碳排放,从而实现碳中和。此外,火灾也将严重影响泥炭沼泽土壤碳累积速率和碳排放(Cong et al.,2022)。尽管湖北沼泽湿地面积较小(约4万hm^2),但是鄂西北亚高山泥炭沼泽(咸丰二仙岩、宣恩七姊妹山)和神农架大九湖,因20世纪80年代的土地利用(垦殖、排水),大量泥炭沼泽排水疏干,转化为耕地,种植高山蔬菜,引起湿地退化,加强该区域的泥炭沼泽湿地修复,降低碳排放,有助于促进湿地碳增汇。

3. 高污染水体增加湿地碳排放

湖北素有"千湖之省"的美誉,湖泊湿地众多,然而,受长期人类活动的强烈影响,不仅湿地面积减少,而且湖泊湿地水体污染严重,导致大量的湖泊湿地富营养化,严重影响湿地功能发挥(杜耕,2011;王学雷等,2009)。据 Pickard 等(2021)研究,污染严重的城市湖泊湿地,存在极高的 CH_4 排放,平均排放速率高达 1 000mg/(m^2·d),转化为 CO_2 当量,其污染严重的湖泊湿地温室气体碳排放是无污染排放的 1 000 倍以上。因此,修复湖泊湿地,降低湖泊富营养化程度,是降低湿地温室气体碳排放的重要途径,从而促进湿地固碳,实现碳中和。2017 年,湖北省委农村工作领导小组印发《湖北省五大湖泊退垸(田、渔)还湖实施方案》,对湖北省五大湖泊实施退垸(田、渔)还湖累计 236.90km^2。这些大量的退垸还湖,通过修复湿地生态系统,降低氮磷污染物直排入水域生态系统,降低湖泊水域生态系统富营养化,实现碳减排,增加湖泊湿地碳汇功能。

4. 优化湿地植物群落组成

许多研究表明,从大尺度上说,气候因素是影响湿地碳源汇的主要特征,但是小尺度上,不同水文、植被类型和植被密度是影响不同湿地类型碳源汇的主要因素(吕铭志等,2013)。因此,在湿地植被修复中,恢复湿地植物,优化湿地植被群落组成和结构,可能有助于降低湿地碳排放,增加湿地碳汇功能。有研究表明,滨岸带湿地优势植物芦苇尽管是大气 CH_4 的重要排放源,但其强光合作用仍对 CO_2 具有重要吸收汇,导致生态系统是碳净吸收汇(于洪贤等,2008)。据报道,20 世纪 80 年代,湖北省存在近 7 万 hm^2 芦苇湿地,2007 年大约有 3 万 hm^2,到 2018 年仅存 8 400hm^2 芦苇湿地(http://jingzhou.cjyun.org/p/199206.html;沈鸣铜,2007),主要分布在嘉鱼、石首、洪湖、蔡甸、仙桃、监利等江汉平原区。芦苇湿地面积的减少,显著降低了湿地碳汇功能,今后尚须加大湖北省芦苇湿地保护修复,恢复芦苇群落,有利于增加湿地碳汇功能。Zhou 等(2019)通过研究基于中国森林生态系统 2600 个样地数据(含热带/亚热带区域、温带、高原植物区域),发现植物多样性的提高,降低了凋落物 C/N(碳氮比),可能间接地促进森林土壤有机碳累积,增加森林生态系统碳汇功能。因此,可以通过优化不同湿地植被群落组成和结构,探索不同湿地类型碳减排和碳增汇的稳定机制研究,为增加湿地碳汇功能提供修复技术指南。

5. 氮添加促进湿地碳汇功能

氮素作为植物生长过程中的主要限制因子,其在土壤中含量的高低明显影响生态系统生产力(Bai et al.,2005)。自 19 世纪工业革命以来,人类活动日益改变着全球氮循环过程,化石燃料的大量燃烧、肥料在农田系统中的过度使用,导致全球氮沉降明显增加,也使得中国成为全球第三大氮沉降区,氮沉降对陆地生态系统结构、功能以及全球碳循环产生重要影响(张艺,2016;屈文笛,2021)。在模拟氮沉降中,氮添加促进了沼泽湿地土壤碳排放(包振宗,2018;张荣涛,2020),可能降低湿地碳汇功能。但也有研究表明,氮沉降尽管增加了中国河口湿地、高山沼泽湿地土壤碳排放,但是由于增加了湿地植物光合固碳能力,总体表现为土壤碳汇(张艺,2016;屈文笛,2021)。因此,作为长江流域人类活动影响强烈的河湖湿地复合生态系统,周围农田施肥量较大,如何采取适宜施肥量,是长江流域生态系统亟须探索的问题。适宜的氮肥使用,尤其对于农田湿地投入适宜氮肥,可以促进人工水稻田湿地土壤碳增汇。

第四篇

对策与建议

第十章

湖北省林业生态产品价值实现路径与机制

森林是重要的水库、钱库、粮库和碳库,蕴含着巨大的生态系统服务价值。林业是生态产品价值实现的主战场,森林生态产品价值实现成为推动乡村振兴和区域协同发展、打通经济循环堵点和断点的关键。近年来,湖北省在多地开展了"两山"转化试点工作,全省森林生态产品价值实现的路径不断得到丰富。但由于受到各种限制,很多森林生态产品价值实现路径停留在试点和探索层面,可借鉴、可推广、可复制的模式不多,导致生态产品价值实现总量不足。本章以湖北省林业生态服务价值评估成果为基础,针对湖北省林业生态服务价值构成与特点,探讨了加快推动湖北省林业生态产品价值实现的路径和转化机制,以期为湖北省林业生态产品价值实现提供参考。

第一节 湖北省森林生态系统服务功能价值量及构成

2019年湖北省森林生态系统服务价值总量为7 890.25亿元,由涵养水源、保育土壤、固碳释氧、林木养分固持、净化大气环境、林产品供给、森林游憩与康养和生物多样性保护等功能的价值构成。其中涵养水源价值量最高,达3 309.11亿元,占总价值量的41.94%;其次为保育土壤价值1 169.88亿元,固碳释氧价值962.92亿元,生物多样性保护价值947.11亿元,森林游憩与康养价值819.93亿元,净化大气环境价值276.27亿元,林产品供给价值245.46亿元和林木养分固持价值159.57亿元。

第二节 湖北省森林生态系统服务价值主要特点

一、湖北省林业生态服务功能显著增强，生态产品数量和质量大幅提升

近 10 年来，湖北省相继实施了"绿满荆楚""精准灭荒"及长江两岸绿化等林业生态工程，森林生态建设取得了重大成果，极大改善了城乡生态环境和人居环境，使得森林生态产品供给能力得到提升。与 2009 年相比，2019 年湖北省森林年调节水量增加了 173.74 亿 m^3，增幅 106.21%；保育土壤增加量为 18 622.62 万 t，增长率为 40.77%；保持土壤肥力增加量为 586.49 万 t，增长率为 84.67%；固碳、释氧物质量分别增加 137.19 万 t 和 510.08 万 t，增长率分别为 11.57% 和 27.04%，生态系统服务功能显著增强，生态产品数量和质量大幅提升。

二、湖北省森林生态系统涵养水源效益突出，碳汇功能显著

评估结果表明，湖北省森林生态系统涵养水源效益尤为突出，碳汇功能显著，为湖北省的国土安全及"生态立省"战略提供了重要保障与支撑。湖北省的森林年调节水量高达 337.32 亿 m^3，相当于 259 个东湖的蓄水量之和；森林涵养水源价值量达 3 309.11 亿元/a，占全省森林生态系统服务总价值的 41.94%；森林固碳量 1 322.72 万 t，价值量为 124.10 亿元；年吸收 CO_2 可达 4 850.46 万 t，约能中和当年化石能源 CO_2 排放量（2.18 亿 t）的 22.25%，中和当年总能源消耗 CO_2 排放量（3.69 亿 t）的 13.15%。

三、湖北省森林生态系统服务价值东西部差异显著

由评估结果可以看出，鄂西山地森林生态系统服务价值显著高于鄂东低山丘陵区，进而显著高于平原湖区，表明湖北省"绿水青山"空间分布不均衡，未来仍有很大的提升空间和潜力。评估结果凸现出鄂西作为湖北省重要生态屏障在水源涵养、水土保持和碳汇等方面发挥的巨大生态价值，并为区域内"两江两库"生态安全和国土安全作出了重要贡献。从单位面积森林系统生态系统所发挥的服务价值来看，鄂西地区单位面积价值量最高可达 13.36 万元/hm^2，鄂东南地区单位面积价值量最高可达 11.35 万元/hm^2，体现了湖北省作为生态大省的价值，这些地区的森林资源和生物多样性保护具有全球性意义。

第十章 湖北省林业生态产品价值实现路径与机制

第三节 湖北省"两山"转化路径与机制

在生态优先、绿色发展的新理念指引下,我国继网络经济、数字经济之后,绿色经济新时代正在全面到来。森林生态系统既是"绿水青山"的重要载体,也是"山水林田湖草"综合治理的核心,森林生态建设由于在改善人居环境和维持生态安全等方面发挥的独特而关键的作用,被赋予了重要的历史使命,成为"美丽中国"建设和生态文明建设的主战场。作为"绿水青山"的建设者,林业迎来了前所未有的发展机遇。为此,湖北省林业部门应立足发展新阶段、贯彻发展新理念、构建发展新格局,在"两山"转化探索中展现大作为。在这一时代背景下,基于湖北省森林生态系统服务评估成果及应用,本节就做好做足建设好"绿水青山"、保护好"绿水青山"和利用好"绿水青山"三篇大文章,提出如下意见和建议。

一、优化森林生态系统服务功能空间布局,全面实现湖北省"绿水青山"提质增效

近年来,尤其自 2014 年相继实施"绿满荆楚""精准灭荒"及长江两岸绿化等林业生态工程以来,湖北省森林生态建设取得了重大成果,极大改善了城乡生态环境和人居环境,使得森林生态产品供给能力得到提升,同时,也促进了全省国民经济和社会发展,为助力乡村振兴和精准扶贫作出贡献。

同时,也应看到,湖北省森林生态体系建设还不够完备,国土绿化还存在亟须补齐的短板;森林资源结构失衡,中、幼龄林面积偏大(占比 84.09%),林种结构单一;森林生态系统服务功能西高东低,空间分布不均衡;单位面积森林服务价值 8.82 万元/($hm^2 \cdot a$),处全国中等偏上水平,森林质量和森林生态系统服务功能还有较大提升空间。针对以上问题,建议湖北省在"十四五"森林生态建设中重点做好以下工作:

一是优化湖北省森林结构和生态系统服务空间布局,构建完备的森林生态系统服务体系。评估结果表明,湖北省内国家重点生态功能区森林生态系统服务价值为 6 361.91 亿元/a,约占总价值的 80.63%;其次是国家农产品主产区生态系统服务价值占比 11.90%,国家重点开发区、省级重点开发区占比分别为 1.64% 和 3.38%,省级重点生态功能区占比 2.46%。由此可见,尽管近年来湖北省不断加大对林业生态建设的投入,开展了一系列森林恢复与保护工程,但森林资源集中分布于人口密度较低的重点生态功能区,而人口密度大、生态环境压力高的重点开发区及重点农产区森林资源不足。在这一空间分布格局下,生态系统服务传递过程受到抑制,森林生态系统服务难以直接作用于改善城镇生态环境,支撑城

镇可持续发展。针对湖北省森林生态系统服务分布不均匀的现状,应充分结合国家"长江重点生态区生态保护和修复重大工程"及湖北省"乡村振兴"战略,持续开展长江沿岸绿化工程、国家省市生态公益林建设工程、城市森林建设、湿地生态修复工程、美丽乡村建设等,提升湖北省长江两岸、江汉平原以及城市群的森林资源数量和质量,使森林资源分布相对合理,进而提升森林整体生态系统服务功能。调整和优化湖北省森林布局结构,突出重点生态功能区生态效益,平衡其他主体功能区综合效益。

二是查漏补缺、精准推进,强化湖北省国土绿化成果。由于自然条件限制等多种原因,湖北省部分造林困难地仍存在宜林荒山,国土绿化还存在亟须补齐的短板,如鄂西北岩溶石漠化集中分布区、"两江两库"水土严重侵蚀地、鄂北鄂东沙化地、鄂中采矿废弃地等。因此,湖北省"十四五"国土绿化工作重点,首先要加强现有工程造林的幼林管护,确保成活成林,巩固造林成果;其次,坚持精准绿化、科学绿化,坚持适地适树,扩大乡土树种绿化比例,切实补齐短板。

三是加强低效林改造,优化群落结构,提升森林质量。从评估结果可以看出,湖北省神农架林区、宜昌市、恩施州等地单位面积森林生态系统服务价值较高,最高达到 13.36 万元/($hm^2 \cdot a$),而襄阳、十堰、黄冈等森林大市则相对较低,其原因一是新造林、幼龄林占比较大,二是气候条件和立地条件差,导致林分质量不高,从而拉低了价值量的平均水平。针对湖北省部分地区存在的幼龄林面积大、人工纯林分布广以及立地质量较差地区森林质量低下等问题,在后续森林生态系统管理中,应重点通过混交、补植、林下抚育等方式,开展中、幼龄林近自然化改造和抚育管理。结合立地条件特征,开展低效林改造工程,提高复层林和混交林比例,增强森林生态系统服务功能。

二、建立长效的森林生态系统服务监测体系与评估机制

长期以来,以传统的森林资源监测为核心的森林监测方法和体系难以适应当前生态文明建设对森林资源和森林资产评估的要求,也难以为森林生态系统可持续管理提供有效数据支撑。为此,需要建立湖北省长效森林生态系统服务监测与评估机制。一是构建完善的生态系统监测体系,根据湖北省目前生态监测网点情况,整合现有森林、湿地、退耕及天然林保护等监测站点,以重点地区、重点领域为对象,采用多种手段在不同尺度上进行监测,形成点线面一体化、省市县多方参与的生态系统服务监测网络。二是建立常态化的监测评估机制,将森林生态系统服务供给水平、生态系统服务价值和森林生态系统安全性作为重要的监测内容,纳入森林生态系统的监测和管理中,作为森林生态系统管理的关键依据,尽快形成具有先行示范意义的森林生态系统监测评估指标体系,为长江经济带绿色发展提供有效的支撑平台和示范体系。

三、有效探索湖北省生态产品价值实现路径，加快实现生态产业化，产业生态化

经测算，2019年湖北省森林生态系统服务总价值为7 890.25亿元，相当于湖北省当年GDP的17.22%。其中，以森林旅游作为评估指标的森林游憩服务功能总价值为819.93亿元，约占当年森林生态系统服务总价值的10.39%，固碳量1 322.72万t，价值124.10亿元/a。同时，森林生态系统供给的林副产品十分丰富，总的供给产品功能价值为245.46亿元。其中，木材供给量534.00万m^3，价值为80.10亿元；竹材供给量3 724.5万根，价值为6.33亿元；非林木供给量98.95万t，价值为159.03亿元。以上评估结果表明，湖北省"绿水青山"具有很高的价值和"颜值"，生态产品丰富，生态产业化潜力巨大。

为探索湖北省"绿水青山"转化为"金山银山"的价值实现路径，加快推进生态产业化和产业生态化，建立健全林业生态产品价值实现机制，结合本次森林生态系统服务价值评估成果，从湖北林业工作实际出发，建议系统开展以下工作：一是建立林业生态产品分类体系，明确林业生态产品内涵及其生态价值属性体系，编制林业生态产品目录清单。二是建立林业生态产品调查监测机制，开展林业生态产品普查和林业生态产品动态监测，推进自然资源确权登记。三是建立林业生态产品价值评价机制，针对不同的林业生态产品价值实现路径和统计评估单元，构建科学合理、操作简便的林业生态产品价值指标评价体系及其评价技术、方法。四是探索并开展不同类型、不同地区生态产品价值核算，将林业生态产品价值核算结果纳入项目资金分配和绩效考核评价过程中，推进结果应用。五是健全林业生态产品经营开发机制，拓展林业生态产品价值实现模式，抓好林下经济、森林旅游康养、自然教育、生态体验等工作，提升生态产品开发价值。六是健全林业生态产品保护补偿机制，完善生态保护补偿制度，建立健全林业生态环境损害赔偿制度。

四、充分发挥森林生态系统服务的碳汇功能，为实现"双碳"目标作出湖北贡献

中国在第七十五届联合国大会一般性辩论上郑重承诺：中国二氧化碳排放力争于2030年前达到峰值，努力争取2060年前实现碳中和。2020年中央经济工作会议又将"开展大规模国土绿化行动，提升生态系统碳汇能力"作为"碳达峰、碳中和"的内容纳入了"十四五"开局之年我国经济工作重点任务。湖北地处我国南北过渡、东西交会的重要生态区，森林类型多样、资源丰富，在我国实现"碳达峰、碳中和"目标中应该体现湖北作为，展现湖北担当，作出湖北贡献。

本次评估结果表明，湖北省森林生态系统2019年固碳量约为1 322.72万t，价值达124.10亿元，并由此推算出湖北省2019年排放的CO_2约有13.15%可被森林生态系统吸收，碳汇功能显著。从评估结果还可以看出，湖北省森林年固碳量的分布呈现出空间差异，西部地区

的固碳量明显高于中部和东部地区。其中,国家重点生态功能区的固碳量为 870.81 万 t/a,占全省森林生态系统年固碳量的 65.83%。另外,在全省不同森林类型中,单位面积森林固碳量乔木林高于灌木林,混交林高于纯林。结合湖北省的林业发展情况及本次评估结果,建议下一步可从以下几个方面深入开展工作,进一步提高湖北省的森林碳中和能力。

一是科学绿化,增加森林碳汇。根据湖北省的林业规划,制定森林面积和蓄积增长量的具体目标,着力推进国土绿化,力求提高森林质量。在森林碳汇能力较弱的中东部地区要有的放矢,合理规划,把造林绿化、森林经营与应对气候变化有机地结合起来,努力增加森林碳汇,充分展示林业生态建设对于应对气候变化的显著成效。

二是加强管理,减少林业碳排放。加强林地占用管理,减少林地流失,遏制湿地流失和破坏。按照森林防火、林业有害生物防治相关规划的要求,切实加强灾害监测预警、检疫御灾、防灾减灾体系建设,努力将灾害导致的森林碳排放降到最低限度。

三是确定目标,抓好碳汇考核。在已制定湖北省温室气体排放减少目标的前提下,统一部署,对各地区温室气体排放减少目标(含林业碳汇指标)进行考核。目前可纳入考核的两项林业碳汇指标有年度造林合格面积、年度森林抚育合格面积。

四是完善体制,加快林业碳汇市场开发。与其他核证减排量相比,林业碳汇不仅具有减排效应,还有显著的保护生物多样性、改善生态环境等生态效应,碳汇开发还带有一定的扶贫性质。目前,尽快完善碳汇计量与监测体系、碳汇核算方法学等制度建设,确保林业碳汇项目规范科学发展,加快推进林业碳汇项目纳入全国碳市场的进度,为未来全国碳市场启动交易时纳入碳汇项目做好准备。

五、完善体制机制,加强林业生态可持续建设的保障力度

湖北省作为长江经济带绿色发展重要的支点之一,其生态建设水平,特别是森林数量和质量深刻影响着长江中游生态安全和长江经济带绿色发展水平。为加快构建湖北省高效、稳定、可持续的森林生态体系,推进"两山"转化,服务"一主引领,两翼驱动,全域协同"战略,构建湖北省生态系统建设保障机制就显得尤为重要。

1. 完善投入机制

确立公共财政在林业生态建设中的主要渠道地位和作用。按照分类经营的要求和事权划分的原则,把林业生态建设纳入各级政府财政预算。完善森林生态效益补偿制度,积极争取国内外市场化资金的投入,使政府投资和社会融资相互结合、互为补充,从而缓解目前生态公益林建设资金紧张、投入不足的问题。积极探索吸引社会资金投入林业建设的政策与机制,加快建立投资主体多元化、投资渠道和投资方式多样化的稳定的林业经济政策体系,吸引和鼓励尽可能多的投资主体参与林业建设,加大林业基础设施建设、科技和人才建设的投入。促进金融机构的资金投入力度,建立产权交易市场,发展森林资源抵押贷款,推进森林政策性保险业务。

2. 积极探索和试验符合林业特点和市场规律的运行机制

一是强化森林分类经营机制。公益林纳入公共财政范畴，由政府投资和制定相关的各项管理办法，引入有关法人参与经营管理；商品林全面推向市场，完善相关的林业产业扶持政策，鼓励全社会参与林业产业发展。二是改革林业建设管理机制。积极推行林业项目建设法人制、招投标制、监理制，实行管办分开，厘清管理职能，规范管理行为，加大林业依法建设力度。

3. 建立政府决策和绩效评价的生态考核和评估机制

积极推进生态产品价值核算结果应用，探索将生态产品总值指标纳入各级党委和政府高质量发展综合绩效评价。推动落实在以提供生态产品为主的重点生态功能区取消经济发展类指标考核，重点考核生态产品供给能力、环境质量提升、生态保护成效等方面指标；适时对其他主体功能区实行经济发展和生态产品价值"双考核"。推动将生态产品价值核算结果作为领导干部自然资源资产离任审计的重要参考。

第十一章
湖北省林业生态服务体系建设

第一节 林业生态监测网络构建

湖北省作为全国重要的生态功能区和长江经济带的中心区域,是林业生态建设的敏感区域之一,生态地位十分重要。三峡大坝、丹江口水库、神农架国家公园等区域生态建设关乎着当地生态安全和可持续发展。同时,湖北也是"千湖之省",是我国重要的粮食基地,生态防护林建设是保证区域乃至国家粮食安全、生态安全的基础。林业生态建设成效直接关系着全省林业治理体系和治理能力的提升,关系着林业生态、经济、民生效益的发挥,尤其关系着湖北省在国家长江经济带、中部崛起、"碳达峰、碳中和"等重大战略中的定位和作用。而建立完备的林业生态监测网络体系,不仅是湖北省生态建设和社会可持续发展的重要支撑,也是践行绿色发展理念的重要体现。因此,建设林业生态监测网络体系已变得十分迫切。

湖北省以建设"生态湖北"为核心,要求湖北省林业在构筑生态屏障,提升固碳抵排能力方面发挥更大的作用。长期以来,湖北省高度重视林业生态建设,通过实施天然林保护、退耕还林、长江防护林、血防林、"绿满荆楚"、"精准灭荒"等一系列林业生态工程,林业建设取得了举世瞩目的成就,在抵御自然灾害、改善生态环境、维护生态平衡、应对气候变化等方面发挥了重要作用,有效保障了国土生态安全。但是,目前湖北省林业生态体系仍很不完备,整体生态功能尚未有效发挥。同时,开展全省林业生态监测网络体系建设,不仅可以长期定位探索研究区域一定时期生态环境变化规律,制定生态环境治理规划的基础依据和有效举措,而且可以为湖北省新时期林业建设提供科技支撑,为生态环境建设提供决策依据。然而,全省现有林业生态监测平台数量少、建设时间短、基础薄弱,全省境内现有生态站仅包括神农架森林生态站、秭归森林生态站、大巴山森林生态站、恩施森林生态站、幕阜山竹林生态站、洪湖湿地生态站,这些站点的布局和数量远远不能满足湖北现代林业建设的需求,也不能满足开展观测工作提供基础数据支撑的要求,许多重要生态区位的林业生态监测长期缺失,监测平台分布格局很不协调,导致目前生态监测网络体系不完善,尚不能有效担负起满足湖北省林业生态建设效益评估、生态补偿标准、绿色 GDP 核算以及生态产品价值计量等各项需求的任务。

基于此,湖北省林业生态监测网络体系建设需要加强以下几项重要工作:一是加强顶层设计,做好林业生态监测体系规划工作。结合现阶段湖北省生态建设发展状况和经济社会发展的生态需求,科学编制符合新时代林业发展的《湖北省陆地生态系统监测网络中长期发展规划》,规划布局合理、功能完备、覆盖全省主要生态区域的林业生态监测网络体系,从基础设施建设、仪器设备、观测规范、数据管理与共享等方面做好顶层设计,确保生态监测工作的规范化、标准化、科学化。二是整合现有各项监测资源,加强生态监测体系建设。以现有生态定位站为主体,以自然保护区、国家公园、专项监测站点为合理补充,有重点、有批次地实施生态监测站点专项建设,逐步建成覆盖森林、湿地、荒漠、城市、竹林等主要生态系统的全省自然生态监测网络体系,紧密围绕省级以及国家生态战略开展一体化监测与应用。同时,依托湖北省林业局成立湖北省林业生态监测网络管理中心,构建专业数据运营平台,对全省生态监测站点实施统一运行管理,有利于促进数据互联和数据共享,避免重复投入,保证生态监测科学有序运转。三是构建牢固的专业人才队伍,确保生态监测各项工作稳步开展。生态监测需要大量专业的人才队伍,构建"省—市—县"多级人才培养体系,同时充分发挥湖北省大专院校、科研院所等技术力量雄厚的优势,征集落实技术支撑团队,确保每个监测站有一个长期稳定专业化团队,做好监测网络培训,保证监测站点高标准、高质量建设和运行。成立全省林业生态监测专家咨询组,按时考评监测体系运转状况,确定体系发展方向,解决生态监测体系运转中的重大技术问题,以实现"生态立省"战略目标和满足新发展阶段生态建设需求。

第二节　林业生态补偿机制建立

探索生态产品实现机制已成为践行"两山"理念的重要举措,明晰"转化"实现路径和转化机制可持续深化生态文明建设,增强生态产品供给能力,推动经济发展向更高层次转型,真正让生态产品价值实现成为推进"美丽中国"建设,实现人与自然和谐共生的现代化的增长点、支撑点、发力点。2021年4月中共中央办公厅、国务院办公厅印发《关于建立健全生态产品价值实现机制的意见》,指出建立健全生态产品价值实现机制,是贯彻落实习近平生态文明思想的重要举措,是践行"绿水青山就是金山银山"理念的关键路径,是从源头推动生态环境领域国家治理体系和治理能力现代化的必然要求,对推动经济社会发展全面绿色转型具有重要意义。森林生态保护补偿对于提高森林生态建设者与维护者的积极性,维护林地所有者合法的经济利益具有促进作用,能够协调"绿水青山"保护者与"金山银山"受益者之间公平性,是生态产品价值实现的重要路径之一。

一、积极探索多模式补偿

目前,国内在市场化补偿机制方面相较于国外的尝试和探索还有不足,生态补偿投资渠道相对狭窄,补偿方式主要是以具体建设项目为载体的阶段性补偿,补偿的受众面和延续性不强,方式也比较单一。我国森林生态效益补偿经历了过去的林业生态工程的补偿到现阶段以公益林补偿为主的发展变化。当前比较成熟的生态补偿市场化模式是碳汇市场与生态补偿机制的融合,但进一步探索还有赖于碳交易市场和相关行业部门的推动和实践。未来应通过货币补偿、社会保障补偿、政策优惠补偿、科学监测补偿、就业安置补偿、流域横向补偿等多种方式完善湖北省生态保护补偿方式,形成多渠道、多模式、稳定持续的资金来源。

二、加强森林生态补偿标准研制

针对已有森林资源实物价值进行核算与确定补偿标准是实践中的重点。森林生态效益补偿标准远低于森林生态系统服务价值评估结果,即使以森林生态系统服务价值评估结果作为森林生态效益补偿的参考,也会出现难以市场化、无人买单的情况。因此,一方面需要通过市场化等多种途径来拓宽资金来源,从买卖双方的偏好、购买动机、保护意识等多种角度评估和分析,科学评估森林生态效益能够转化为市场部分的经济效益。另一方面,从森林资源分布的省级、市级等大范围和林班、小班尺度小范围实现补偿标准的公平性,无论是国有公益林、集体公益林还是个人权属的公益林,补偿标准都应更加科学化。大范围内需要通过科学论证生态补偿区域重要程度并以此确定补偿标准。地方级森林生态效益补偿需要结合当地经济发展水平制定补偿标准。我国实施的森林分类经营模式在一定程度上保障了森林覆盖率和林分质量,在现有森林资源的基础上,应继续探索不同经营主体的森林生态效益管理模式和资金投入机制,发挥好森林生态效益补偿机制的作用,继续保障森林生态系统服务提供者的生计,形成良性循环。

三、探索建立生态补偿核算技术

生态补偿作为推动生态建设和经济发展协同共进的有效手段,不仅能有效改善我国的生态环境,还能有效保障经济社会的可持续发展。建立健全生态补偿机制,有助于推动建设资源节约型、环境友好型社会。在森林生态系统服务功能评估的基础上,我们还需要以鄂西三峡库区、丹江口库区、神农架林区、武陵山区等湖北省重要生态区为重点,制定湖北省森林生态系统主体功能生态补偿标准,建立林业生态保护补偿核算技术体系和方法,提出林业生态保护补偿方案。在生态补偿多尺度核算和应用上提出相对可行的技术体系,丰富林业生态产品价值实现的路径,为湖北省践行"绿水青山就是金山银山"理念提供技术支撑与可能的解决方案。

四、拓宽生态补偿资金渠道

从补偿资金来源来说,应逐步提升公众对森林生态效益的认知和补偿的参与度,扩大森林生态效益补偿的支付范围。通过科普和调研等方式提升公众补偿意识,使"谁开发谁保护、谁受益谁补偿"的观念逐步深入人心,逐步消除公众对于森林生态效益"搭便车"行为。可通过引导碳汇交易市场、生物多样性市场、森林税等途径拓宽森林生态效益补偿模式,探索政府引导下更加宽松合理的市场机制,形成政府补偿和市场补偿耦合的良好机制。

主要参考文献

白军红,欧阳华,杨志锋,等,2005.湿地景观格局变化研究进展[J].地理科学进展,24(4):36-45.

白永飞,黄建辉,郑淑霞,等,2014.草地和荒漠生态系统服务功能的形成与调控机制[J].植物生态学报,38(2):93-102.

包振宗,2018.水分变化和模拟氮沉降对高寒湿地土壤CH_4、CO_2和N_2O排放的影响[D].乌鲁木齐:新疆农业大学.

陈利,王福生,管远保,等,2014.基于GIS与RS三维虚拟林相图可视化技术研究[J].中南林业科技大学学报,34(11):107-110.

陈亮,王学雷,杨超,等,2021.2000年—2015年长江流域植被GPP时空变化特征及其驱动因子[J].华中师范大学学报(自然科学版),55(4):630-638.

陈仲新,张新时,2000.中国生态系统效益的价值[J].科学通报,45(1):17-22.

程志强,王忠明,丁浩宸,2019.中国林业统计数据可视化系统设计与实现[J].世界林业研究,32(1):85-90.

崔丽娟,2004.鄱阳湖湿地生态系统服务功能价值评估研究[J].生态学杂志,23(4):47-51.

杜耘,2011.湖北省湖泊湿地演变与生态恢复[C]//中国自然资源学会学术年会.

段晓男,王效科,尹弢,等,2006.湿地生态系统固碳潜力研究进展[J].生态环境,15(5):1091-1095.

傅伯杰,周国逸,白永飞,等,2009.中国主要陆地生态系统服务功能与生态安全[J].地球科学进展,24:571-576.

郝庆菊,王跃思,江长胜,等,2005.湿地甲烷排放研究若干问题的探讨[J].生态学杂志(2):170-175.

黄从红,杨军,张文娟,2013.生态系统服务功能评估模型研究进展[J].生态学杂志,32(12):3360-3367.

江波,陈媛媛,饶恩明,等,2015.博斯腾湖生态系统最终服务价值评估[J].生态学杂志,34(4):1113-1120.

江波,欧阳志云,苗鸿,等,2011.海河流域湿地生态系统服务功能价值评价[J].生态学报,31(8):2236-2244.

蒋延玲,周广胜,1999.中国主要森林生态系统公益的评估[J].植物生态学报,23(5):

426-432.

金煜现,朱永杰,2020.林业统计数据可视化系统研建:以林产品产量数据为例[J].福建林业科技,47(3):5.

雷波,石道良,刘胜祥,2010.湖北省湿地生态系统服务功能评价[J].湖北林业科技(3):10-13,9.

李博,杨持,林鹏,2000.生态学[M].北京:高等教育出版社.

李珺,彭能舜,李军,2022.长沙市林业综合监管平台的设计与实现[J].湖南林业科技,49(4):85-92.

李文华,2008.生态系统服务功能价值评估的理论、方法与应用[M].北京:中国人民大学出版社.

李鑫,云海英,段菁,等,2021.内蒙古林业大数据管理平台设计与实现[J].林业调查规划,46(5):1-6.

刘彩娥,2018.把论文写在祖国大地上:国内科研论文外流现象分析[J].北京工业大学学报(社会科学版),18(2):64-72.

刘海,张怀清,鞠洪波,等,2016.果子沟林场三维建模与可视化实现[J].林业科学研究,29(1):74-79.

刘焰锋,林开敏,孟庆春,等,2020.基于数据可视化和WebGIS的森林资产评估系统设计[J].信息与电脑(理论版),32(2):49-51.

刘勇,李晋昌,杨永刚,2012.基于生物量因子的山西省森林生态系统服务功能评估[J].生态学报,32(9):2699-2706.

鲁东民,2017.基于WebGIS的林业资源统计数据可视化原型系统研建[D].北京:中国林业科学研究院.

吕铭志,盛连喜,张立,2013.中国典型湿地生态系统碳汇功能比较[J].湿地科学,11(1):114-120.

马丽娜,毕永红,胡征宇,2011.三峡水库香溪河库湾夏季水华期间浮游植物的初级生产力[J].长江流域资源与环境,20(S1):123-128.

牛香,宋庆丰,王兵,等,2013.吉林省森林生态系统服务功能[J].东北林业大学学报,41(8):36-41.

牛振国,宫鹏,程晓,等,2009.中国湿地初步遥感制图及相关地理特征分析[J].中国科学:地球科学,39:188-203.

欧阳志云,王效科,苗鸿,1999.中国陆地生态系统服务功能及其生态经济价值的初步研究[J].生态学报,19(5):7.

潘方杰,王宏志,王璐瑶,2018.湖北省湖库洪水调蓄能力及其空间分异特征[J].长江流域资源与环境,27(8):1891-1900.

秦伟,刘胜祥,梅伟俊,等,2003.湖北省湿地保护研究[J].湖北林业科技(2):11-15.

屈文笛,2021.模拟氮沉降对黄河三角洲湿地土壤碳收支的影响[D].烟台:中国科学院大学(中国科学院烟台海岸带研究所).

沈鸣铜,2007.长江中游芦苇的供需现状与未来需求形势分析[J].湖北造纸(4):8-9.

宋长春,2003.湿地生态系统对气候变化的响应[J].湿地科学,1(2):122-127.

宋庆丰,牛香,王兵,2015.黑龙江省森林资源生态产品产能[J].生态学杂志,34(6):1480-1486.

宋庆丰,牛香,王兵,2015.基于大数据的森林生态系统服务功能评估进展[J].生态学杂志,34(10):2914-2921.

陶爽,2012.基于ArcGIS林业资源数据库管理系统的可视化研究[D].沈阳:东北师范大学.

王兵,鲁绍伟,尤文忠,等,2010.辽宁省森林生态系统服务价值评估[J].应用生态学报,21(7):1792-1798.

王兵,任晓旭,胡摇文,2011.中国森林生态系统服务功能及其价值评估[J].林业科学,47(2):145-153.

王涵,吴林,薛丹,等,2020.湖北省恩施市太山庙泥炭藓泥炭沼泽分布及其环境特征研究[J].湿地科学,18(3):266-274.

王灵霞,唐丽玉,陈崇成,等,2015.杉木人工林林分可视化模拟系统设计与实现[J].微型机与应用,34(4):93-96.

王伟,陆健健,2005.生态系统服务功能分类与价值评估探讨[J].生态学杂志,24(11):1314-1316.

王学雷,吴建农,王慧亮,等,2009.湖北省湖泊保护与管理存在的问题及对策[J].人民长江,40(19):10-11,32.

吴后建,但新球,刘世好,等,2016.湖南省湿地生态系统服务价值初步评价[J].湿地科学,14(6):781-787.

吴强,张合平,2016.森林生态补偿研究进展[J].生态学杂志,35(1):226-233.

吴秋君,2013.江汉平原湖泊湿地生态系统服务功能价值评估研究[D].武汉:华中师范大学.

谢畅,2016.云南省湿地生态系统服务功能价值动态评估[J].湖北农业科学,55(17):4619-4624.

薛兰兰,袁兴中,王轶浩,等,2015.重庆湿地生态系统服务功能值评价与分析[J].四川林业科技,36(5):7-10,15.

杨楠楠,2011.湖北省湿地保护政策现状研究[J].科协论坛(下半月)(3):127-128.

杨元合,石岳,孙文娟,等,2022.中国及全球陆地生态系统碳源汇特征及其对碳中和的贡献[J].中国科学:生命科学,52(4):534-574.

于贵瑞,朱剑兴,徐丽,等,2022.中国生态系统碳汇功能提升的技术途径:基于自然解决方案[J].中国科学院院刊,37(4):490-501.

于洪贤,黄璞祎,2008.湿地碳汇功能探讨:以泥炭地和芦苇湿地为例[J].生态环境,

17(5):2103-2106.

余明勇,姚玲,2013.神农架大九湖保护涉水工程对湿地生态环境的影响[J].中国农村水利水电(12):57-61,64.

袁艺,2011.四川省湿地生态系统服务功能价值评估[J].安徽农业科学,39(4):2177-2179,2198.

曾志强,2018.森林火灾动态监测大数据平台及可视化研究[D].长沙:中南林业科技大学.

张荣涛,2020.三江平原湿地植物和微生物多样性对氮沉降的响应及对温室气体排放影响[D].哈尔滨:哈尔滨师范大学.

张旭辉,李典友,潘根兴,等,2008.中国湿地土壤碳库保护与气候变化问题[J].气候变化研究进展,4(4):202-208.

张祎,李红卫,2006.宜昌地区水面蒸发量时空分布探讨[J].人民长江,37(12):30-31.

张祎,刘杨,张释今,2018.三峡水库近20年水面蒸发量分布特征及趋势分析[J].水文,38(3):90-96.

张祎,牛兰花,樊云,2000.葛洲坝蓄水以后库区蒸发水量的计算与分析[J].水文,20(3):33-35.

张艺,2016.氮添加对若尔盖高寒泥炭湿地土壤碳稳定性的影响[D].北京:北京林业大学.

章宗涉,黄祥飞,1991.淡水浮游生物研究方法[M].北京:科学出版社.

赵海兰,2015.生态系统服务分类与价值评估研究进展[J].生态经济,31(8):27-33.

赵辉,石道良,赵洪波,等,2015.湖北省湿地现状及保护建议[J].湖北林业科技,44(4):41-43,58.

赵金龙,王泺鑫,韩海荣,等,2013.森林生态系统服务功能价值评估研究进展与趋势[J].生态学杂志,32(8):2229-2237.

赵同谦,欧阳志云,郑摇华,等,2004.中国森林生态系统服务功能及其价值评价[J].自然资源学报,19(4):480-491.

郑华,李屹峰,欧阳志云,等,2013.生态系统服务功能管理研究进展[J].生态学报,33(3):702-710.

郑姚闽,牛振国,宫鹏,等,2013.湿地碳计量方法及中国湿地有机碳库初步估计[J].科学通报,58(2):170-180.

周敏,2017.基于WebGIS的森林抚育样地可视化信息系统研究[D].北京:北京林业大学.

周文昌,崔丽娟,王义飞,等,2016a.若尔盖高原泥炭地生态系统碳储量[J].生态学杂志,35(8):1981-1987.

周文昌,索郎夺尔基,崔丽娟,等,2016b.排水对若尔盖高原泥炭地土壤有机碳储量

的影响[J]. 生态学报，36(8)：2123-2132.

周文昌，史玉虎，潘磊，等，2019.2017 年武汉东湖湿地生态系统最终服务价值评估[J]. 湿地科学，17(3)：318-323.

周文昌，张维，胡兴宜，等，2021. 湖北省湿地生态系统的服务价值评估[J]. 水土保持通报，41(3)：305-311，364.

周文昌，牟长城，刘夏，等，2012. 小兴安岭天然森林沼泽生态系统碳汇功能[J]. 东北林业大学学报，40(7)：71-75，127.

朱爱民，刘家寿，胡传林，等，2007. 湖北浮桥河水库浮游植物初级生产力及其管理[J]. 湖泊科学，19(3)：340-344.

朱欣然，2020. 杉木人工林多目标经营可视化模拟研究[D]. 长沙：中南林业科技大学.

祝千宇，2019. 塞罕坝林场森林资源数据可视化系统设计与实现[D]. 北京：北京林业大学.

ADGER W N，BROWN K，CERVIGNI R，et al.，1995. Total economic value of forests in Mexico[J]. Ambio，24：286-296.

BAGSTAD K J，JOHNSON G W，VOIGT B，et al.，2012. Spatial dynamics of ecosystem service flows：a comprehensive approach to quantify actual services[J]. Ecosystem Services，4：117-125.

BAI J，OUYANG H，DENG W，et al.，2005. Spatial distribution chaiacteristics of organic matter and total nitrogen of marsh soils in river marginal wetlands[J]. Geoderma，124(1)：181-192.

BENNETT E M，PETERSON G D，GORDON L J，2009. Understanding relationships among multiple ecosystem services[J]. Ecology Letters，12：1394-1404.

BROWN G，BRABYN L，2012. The extrapolation of social landscape values to national level in New Zealand using landscape character classification [J]. Applied Geography，35：84-94.

CONG J，GAO C，XING W，et al.，2022. Historical chemical stability of carbon pool in permafrost peatlands in northern Great Khingan Mountains（China）during the last millennium，and its paleoenvironmental implications[J]. Catena，209：105853.

COSTANZA R，D'ARGE R，DE GROOT R，et al.，1997. The value of the world's ecosystem service and natural capital[J]. Nature，387：253-260.

COSTANZA R，2008. Ecosystem services：multiple classification systems are needed [J]. Biological Conservation，141：350-352.

DAILY G C，POLASKY S，GOLDSTEIN J，et al.，2009. Ecosystem services in decision making：time to deliver [J]. Frontiers in Ecology and the Environment，7(1)：21-28.

DUAN X，WANG X，LU F，et al，2008. Primary evaluation of carbon sequestration potential of wetlands in China[J]. Acta Ecologica Sinica,28：463-469.

FARBER S，COSTANZA R，CHILDERS D L，et al.，2006. Linking ecology and economics for ecosystem management[J]. Bioscience，56(2)：121-133.

FARNSWORTH E G，TIDRICK T H，JORDAN C F，et al.，1981. The value of natural ecosystems: an economic and ecological framework [J]. Environmental Conservation，8：275-282.

FISHER B，TURNER R K，ZYLSTRA M，et al.，2008. Ecosystem services and economic theory: Integration for policy-relevant research[J]. Ecological Applications，18：2050-2067.

GORHAM E，1991. Northern Peatlands: Role in the carbon cycle and probable responses to climatic warming[J]. Ecological Applications，1(2)：182-195.

HOLDREN J P，EHRLICH P R,1974. Human population and the global environment [J]. American Scientist，62：282-292.

IPCC (The Intergovernmental Panel on Climate Change)，2021. Climate Change 2021: the Physical Science Basis[M]// Contribution of working group I to the sixth assessment report of the intergovernmental panel on climate change. Cambridge, UK: Cambridge Press.

KREUTER U P，HARRIS H G，MARTY D，et al.，2001. Change in ecosystem service values in San Antonio area, Texas[J]. Ecological Economics，39：333-346.

LAL R,2008. Carbon sequestration[J]. Phil. Trans. R. Soc. B,363：815-830

LEH M D，MATLOCK M D，CUMMINGS E C，et al.，2013. Quantifying and mapping multiple ecosystem services change in West Africa[J]. Agriculture, Ecosystems & Environment,165：6-18.

LIU X，CHEN H，ZHU Q，et al.，2018. Holocene peatland development and carbon stock of Zoige peatlands, Tibetan Plateau: a modeling approach[J]. Journal of Soils and Sediments，18(5)：2032-2043.

LOOMES R，O'NEILL K,1997. Nature's Services: societal dependence on natural ecosystems[J]. Pacific Conservation Biology，6(2)：220-221.

LU M，ZOU Y，XUN Q，et al.，2021. Anthropogenic disturbances caused declines in the wetland area and carbon pool in China during the last four decades[J]. Glob Change Biology，27：3837-3845.

Millennium Ecosystem Assessment，2005. Ecosystem and human well-being[M]. Washington DC:Island Press .

MITSCH W J，BERNAL B，NAHLIK A M，et al.，2013. Wetlands, carbon, and climate change[J]. Landscape Ecology，28：583-597.

NAHLIK A M，FENNESSY M S,2016. Carbon storage in US wetlands[J]. Nature

Communications, 7: 13835.

NELSON E, MENDOZA G, REGETZ J, et al., 2009. Modeling multiple ecosystem services, biodiversity conservation, commodity production, and tradeoffs at landscape[J]. Frontiers in Ecology and the Environment, 7:4-11.

NIU X, WANG B, LIU S R, et al., 2012. Economical assessment of forest ecosystem services in China: characteristics and implications[J]. Ecological Complexity, 11:1-11.

PEARCE D, 2002. Valuing the environment in developing countries: case studies[M]. Chichester, UK: Elgar.

PICKARD A, WHITE S, BHATTACHARYYA S, et al., 2021. Greenhouse gas budgets of severely polluted urban lakes in India[J]. Science of the Total Environment, 798: 1-9.

PLUMMER M L, 2009. Assessing benefit transfer for the valuation of ecosystem services[J]. Frontiers in Ecology and the Environment, 7: 38-45.

PRAGER K, REED M, SCOTT A, et al., 2012. Encouraging collaboration for the provision of ecosystem services at a landscapecale: rethinking agri-environmental payments [J]. Land Use Policy, 29:244-249.

REID W V, MOONEY H A, CROPPER A, et al., 2005. Ecosystems and Human Well-Being: Synthesis[M]. Washington DC, USA: Island Press.

ROULET N T, 2000. Peatlands, carbon storage, greenhouse gases, and the kyoto protocol: prospects and significance for Canada[J]. Wetlands, 20(4): 605-615.

SAUNOIS M, STAVERT A R, POULTER B, et al., 2020. The global methane budget 2000—2017[J]. Earth System Science Data, 12: 1561-1623.

SCHMIDT K, RENÉ SACHSE, WALZ A, 2016. Current role of social benefits in ecosystem service assessments[J]. Landscape & Urban Planning, 149:49-64.

SEPPELT R, DORMANN C F, EPPINK F V, et al., 2011. A quantitative review of ecosystem service studies: approaches, shortcomings and the road ahead[J]. Journal of Applied Ecology, 48: 630-636.

TIAN H, XU X, LU C, et al., 2011. Net exchanges of CO_2, CH_4, and N_2O between China's terrestrial ecosystems and the atmosphere and their contributions to global climate warming[J]. Journal of Geophysical Research, 116: G02011.

WALLANCE K J, 2007. Classification of ecosystem services: problems and solutions [J]. Biological Conservation, 139:235-246.

WANG M, CHEN H, WU N, et al., 2014. Carbon dynamics of peatlands in China during the Holocene[J]. Quaternary Science Reviews, 99: 34-41.

XIAO D, DENG L, KIM D G, et al., 2019. Carbon budgets of wetland ecosystems in China[J]. Global Change Biology, 25(6): 2061-2076.

YU G R, ZHU X J, FU Y L, et al., 2013. Spatial patterns and climate drivers of carbon fluxes in terrestrial ecosystems of China[J]. Glob Change Biology, 19: 798-810.

ZHOU G, XU S, CIAIS P, et al., 2019. Climate and litter C/N ratio constrain soil organic carbon accumulation[J]. National Science Review, 4: 746-757.

ZHOU J, WU J, GONG Y, 2020. Valuing wetland ecosystem services based on benefit transfer: a meta-analysis of China wetland studies [J]. Journal of Cleaner Production, 276: 122988.

ZHOU W, CUI L, WANG Y, et al., 2021. Carbon emission flux and storage in the degraded peatlands of the Zoige alpine area in the Qinghai-Tibetan Plateau[J]. Soil Use and Management, 37(1): 72-82.

附 录

附表1 湖北省主体功能区划总体方案　　（摘自《湖北省主体功能区规划》）

地区	重点开发区		限制开发区		省级层面
	国家层面	省级层面	国家层面		
			重点生态功能区	农产品主产区	
武汉	所辖全部区				
黄石	黄石港、下陆、铁山区、西塞山、大冶			阳新	
十堰		张湾、茅箭	郧县、郧西、竹溪、丹江口、竹山、房县		
宜昌		西陵、伍家岗、点军、猇亭、枝江	夷陵、秭归、兴山、长阳、五峰	远安、当阳、宜都	
襄阳		襄城、樊城、襄州	保康、南漳	宜城、谷城、枣阳、老河口	
鄂州	鄂城、华容			梁子湖	
荆门		东宝、掇刀		京山、钟祥、沙洋	
孝感	孝南、应城、汉川		孝昌、大悟	云梦、安陆	
荆州		荆州、沙市		公安、松滋、洪湖、监利、石首、江陵	
黄冈		黄州	红安、麻城、罗田、英山、浠水	团风、黄梅、武穴、蕲春	
咸宁		咸安		崇阳、嘉鱼、赤壁	通城、通山
随州		曾都		随县、广水	
恩施		恩施	巴东、建始、利川、宣恩、咸丰、鹤峰、来凤		
省直	仙桃、潜江、天门		神农架		

附表 2 湖北省各地市(州)监测样点分布

地市(州)	样点数(个)	不同森林类型的样点数(个)									
		马尾松	杉木	其他针叶	杨树	硬阔	软阔	针阔混	竹林	经济林	灌木
合计	143	22	13	12	8	33	12	12	5	12	14
武汉市 鄂州市 荆州市 荆门市 仙桃市 天门市 潜江市	17	2			8	5				2	
孝感市 襄阳市 随州市	21	4	2	2		5	2	2		2	2
黄冈市	22	4	2	2		5	2	2		2	3
黄石市 咸宁市	25	4	3	2		4	2	2	3	2	3
十堰市 宜昌市 神农架	32	4	3	3		8	4	4		2	4
恩施州	26	4	3	3		6	2	2	2	2	2